1日1つ、なしとげる！

ウィリアム・H・マクレイヴン

斎藤栄一郎 訳

米海軍特殊部隊
SEALsの教え

MAKE YOUR BED

Little Things That Can Change Your Life
...And Maybe the World

WILLIAM H. McRAVEN
(U.S. Navy Retired)

講談社

1日1つ、なしとげる!

3人の子どもたち、ビル、ジョン、ケリーへ。父親として誰よりも君たちを誇りに思う。私の人生のあらゆる瞬間がこれほどまでに充実しているのは、君たちがいるからにほかならない。

そして妻であり、無二の友でもあるジョージアンは、私の夢を次から次へとかなえてくれた。君なくして今の私はない。

はじめに

2014年5月21日、光栄なことにテキサス大学オースティン校の卒業式でスピーチの機会をいただいた。ここは私の母校ではあるが、戦場を仕事の場として過ごしてきた軍人が果たして卒業生に歓迎してもらえるのだろうかと心配していた。

だが、思いのほか、卒業生に温かく受け入れてもらえた。スピーチでは、米海軍特殊部隊「SEALs《シールズ》」の訓練を通じて学んだ教訓10ヵ条を中心に話したのだが、幅広く聴衆の心に響いたように思う。

いずれもSEALsでの試練を乗り越えるためのささやかな教訓であったが、どのような立場であれ、人生の試練を乗り越えていくうえで同じように通用する大切な教訓だと自負している。

スピーチ後のこの3年間、何度となく街で声をかけられるようになった。皆、私の教訓にまつわるそれぞれの体験を話してくれるのだ。サメに襲われそうになったが決して逃げ出さなかった人、途中で投げ出したくなっても決してあきらめなかった人、毎朝起きたらベッドメイクをするようになった人……。そうやって人生の試練を乗り越えることができたという。

そしてこうした人々が決まって口にするのは、10の教訓が私の人生にどのような影響をもたらしたのか、仕事を通じてどのような人々に触発されたのか、もっと話を聞きたいという要望だった。

そんな声に背中を押される形で生まれたのが、このささやかな本である。どの章も、一つひとつの教訓に至る背景を詳しく紹介するとともに、私が出会った人々の節度ある振る舞いや不屈の精神、自尊心、勇気など、私が大いに奮起させられたエピソードも添えている。読者の皆さんに喜んでいただけたなら、筆者として幸いである。

CONTENTS

CHAPTER ONE

日課を1つ
なしとげてから
1日を始めよう

Start Your Day with a Task Completed

世界を変えたいのなら

ベッドメイクから

始めよう

カリフォルニア州コロナド。この海岸沿いに米海軍特殊部隊「SEALs」の基礎訓練に使われる宿舎がある。味も素っ気もない3階建ての建物で、100メートルも歩けば太平洋が広がっている。宿舎内はエアコンもなく、夜、窓を開けていると、打ち寄せる波の音が聞こえてくる。

宿舎の部屋はいたって簡素。与えられた将校部屋は4人用で、ベッドが4つと制服をかけるクローゼット以外は何もない。宿舎で過ごした日々はこんな感じだ。毎朝、簡易ベッドから飛び起きると、即座に始めるのがベッドメイクだった。

そう、ベッドメイクで1日が始まるのだ。制服検査、遠泳、長距離走、障害物コースなど盛りだくさんで、SEALs教官からの嫌がらせも日常茶飯事である。

「気をつけっ！」

クラスリーダーの海軍中尉ダン・スチュワードが声を上げる。教官が部屋に入ってきたのだ。教官を務める上等兵曹が近づいてくるのに合わせて、私はベッドの隣に立ち、かかとをピシッと合わせて直立不動になる。強面《こわもて》の教官が表情ひとつ変えることなく服装点検を始める。

グリーンの八角帽の洗濯糊のきき具合をチェックし、帽子の各面がパリッとしていて正しくかたどりされているかどうか確認する。やがて教官の視線が制服のあらゆる部分を舐《な》めるように頭からつま先まで確認しながら少しずつ下がっていく。

シャツとズボンの折り目はきれいにそろっているか。ベルトのバックルは鏡のように光り輝いているか。ブーツは、教官がかざした手が映り込むくらいピカピカに磨かれているか。ＳＥＡＬｓ訓練生に求められる厳しい基準を満たしていると教官が納得すれば、次はベッドの点検だ。

ベッドは部屋と同じく簡素そのもの。スチールのフレームにマットレスが置かれているだけだ。シーツは2枚あって、1枚はマットレスを包む敷きシーツで、その上に掛けシーツを重ねる。グレーのウールの毛布の縁は、マットレスの下にきっちり折り込む。サンディエゴの冷え込む夜には、毛布が手放せない。

2枚目の毛布は、ベッドの足側できれいな長方形になるように上手に折り畳む。枕は視覚障害者支援団体「ライトハウス」が製造したもので、ベッドの頭側の中央に立て、底が毛布の縁と90°に接するように置く。これが正しい置き方なのだ。

この基準から少しでも外れていると、ペナルティとして〝波乗り〟に行くことになる。波打ち際に飛び込んでずぶ濡れになった後、頭からつま先まで全身が砂まみれになるまで砂浜を転がり回るのだ。仲間内ではその姿から「シュガークッキー」と呼ばれていた。

身動きだにせずにまっすぐ立つ私の視界から、教官の姿が消える。教官はやれやれといった表情で私のベッドに目をやる。かがみ込んで四隅にたるみがないか丹念に確認してから、毛布と枕が90°に接しているかどうか調べる。今度はポケットから25セント硬貨を取り出し、軽く空中に放ってはつかむ動作を何度か繰り返している。

ここまでくると、ベッドメイクの最終チェックだ。教官が宙に放り投げたコインはマットレスの上に落ち、シーツにたるみがなければその反動で10センチほど跳ね上がる。十分な高さにジャンプしたコインは、教官の手に見事に収まった。

教官は私の前に戻り、まっすぐに目を見ながら、うなずいた。言葉は一切ない。ベッドメイクが完璧でも褒められることなどない。できて当然のことだからだ。これが1日の最初の日課だから、正しくやりとげることが重要だった。自制心の強さをアピールする機会でもある。細部にまで心配りができることも意味する。

そして1日の終わりに部屋に戻ってきて、きれいに整えられたベッドを見れば、ささやかでも自分が何か良いことをしたとか、ちょっと胸を張れることをしたと思い出させてくれる。

海軍生活の中でベッドメイクは、毎日の心のより所になる日課だった。

SEALsの若い少尉として米海軍の特殊作戦用潜水艦「グレイバック」に乗っていたころ、船内の診療室に運び込まれたことがある。4段ベッドがしつらえてあった。

この診療室に常駐していた年配の医師は、いかにも船乗りといった風貌で、毎朝ベッドメイクを自分でやれと言う。ベッドメイクもせず、病室がちらかっていたら、船員は最高の医療を受けようがない。それが医師の言い分だった。後でわかったことだが、この衛生観念や秩序意識は軍隊生活のあらゆる面で求められた。

それから30年後、ニューヨークシティではツインタワーが崩れ落ち、ペンタゴンが攻撃を受け、ペンシルベニア上空では飛行機内で勇敢な米国人が命を落とす惨事が襲いかかった。

ちょうどあの同時多発テロが起きたころ、私は深刻なパラシュート事故が原因でベッドのまま宿舎に運び込まれ、ほぼ1日中ベッドで過ごしながら、回復を待ち続けた。とにかく寝たきり生活から早く抜け出したかったのだ。

SEALs隊員なら誰もが同じだと思うが、ともに戦った仲間と一緒にいたいと切に願った。

どうにか自力で体を起こせるようになって最初にしたことは、シーツのシワを伸ばして敷き直し、枕の位置を直すことだった。誰に見られても恥ずかしくないベッドにしておきたかったのだ。怪我を克服し、前に向かって歩み始めていることをアピールする私なりの流儀だったのである。

同時多発テロのあった2001年の9月11日から1ヵ月も経たないうちに、私はホワイトハウスに異動となった。新設のテロ対策室に2年間勤務することになったからだ。2003年10月ごろには、イラクのバグダッド飛行場に用意した暫定本部に常駐するようになった。

最初の数ヵ月は野営用の簡易ベッドを使った。それでも毎朝目を覚ますと、寝袋を巻き上げ、枕はベッドの頭側に置き、1日の準備を整えていた。

2003年12月、サダム・フセインが米軍に拘束された。監禁状態に置かれている間は小部屋に閉じ込められていた。フセインも同じ簡易ベッドだったが、シーツも毛布もある至れり尽くせりの待遇だった。

担当兵士らがきちんと彼の面倒を見ているかどうか確認するため、1日に1回、私がサダムの部屋に足を運んでいたのだが、そのときベッドメイクをしていないことに気づいた。毛布やシーツはいつもベッドの足元にくしゃくしゃに丸まっていて、きれいに整える習慣がない人と見た。

その後の10年間、米国でもとびきり優秀な人々と一緒に働く機会に恵まれた。司令官であったり兵卒であったり、艦隊司令長官もいれば二等水兵もいる。大使あり、タイピストありと、肩書はさまざまだった。みな戦時の支援のために米国を代表して海外へ赴き、自ら進んで多大な自己犠牲を払って祖国を守ろうと立ち上がった人々だ。

こうした人々には共通点がある。人生には苦労が付き物であり、ときに自分の力ではどうにもできない日々があることを誰もが心得ていたのだ。

戦闘では兵士が命を失い、家族は嘆き悲しむ。1日1日がたまらないほど長く感じられ、不安は尽きることがない。

だから、私たちは心を癒やしてくれそうなもの、1日の始まりに奮起させてくれそうなもの、醜い出来事が絶えない世の中で自尊心を与えてくれそうなものを見つけようとする。

だが、それは戦時だからではない。平和な日常の暮らしの中でも同じような意識が必要だ。たとえば信用というものは、何物にも代えがたい強さや安心感を与えてくれる。

その一方で、ベッドメイクのようにささやかな行動も、1日の始まりに気持ちを高め、1日の締めくくりには満足感をもたらしてくれる。

人生を変えたいのなら、そして世界も変えたいのなら、まずベッドメイクで1日を始めてみよう。

CHAPTER TWO

ひとりでは
強くなれない

You Can't Go It Alone

世界を変えたいのなら

一緒に舟を漕ぐ

友を見つけよう

SEALsの訓練を始めたばかりのころ、チームワークの大切さを学んだ。難しい任務を成し遂げるときには、助けてくれる仲間が必要なのだ。海軍のフロッグマン（水中工作員）志望の訓練生は「おたまじゃくし」と呼ばれているのだが、長さ3メートルほどの小型ゴムボート（IBS）を使った重要なレッスンが課せられる。

訓練の最初の段階では、どこへ行くときでも必ずチームでそろってこのゴムボートを携行する。例えば、宿舎から外に出て、ハイウェイを挟んで反対側にある食堂に移動するときもゴムボートは頭の上に担いだままだ。

コロナドの砂丘を走るときはゴムボートを低い位置で抱える。海岸線に沿って北から南へ波をかき分けながらゴムボートを漕いで進むときは、7人のメンバー全員が力を合わせて目的地をめざす。

だが、このゴムボートの訓練で学ぶことはほかにもある。メンバーのうち誰かが病気になったり怪我をしたりすると、100%の力を出せなくなる。私自身、訓練でヘトヘトだったり、風邪やインフルエンザでボロボロになったりすることもあった。

こういうとき、ほかのメンバーがその穴埋めをしてくれるのだ。いつもより懸命に、いつもより大きく漕ぐ。おまけに、もっと栄養をつけろとばかりに、自分たちの食事を分けてくれることもあった。

後日、訓練中にチャンスがあれば、恩返しをするよう、私も心がけた。

小さなゴムボートだが、人は誰しも1人だけで訓練を成し遂げられないことを教えてくれた。SEALsの隊員も1人で戦い抜くことはできない。

人生も同じだ。苦しいときに助けてくれる仲間が必要なのだ。

あれから25年の歳月が流れ、西海岸のSEALs全体を指揮する立場になってから、こうした助けの大切さを痛感したことはなかった。当時、私はコロナドに拠点を置く海軍特殊戦グループトップの准将だった。

それまで海軍の大佐として数十年、世界各地でSEALsの指揮に当たってきた。ある日、いつものパラシュート降下訓練に出かけたが、ここで恐ろしい事態が発生する。

輸送機のC－130ハーキュリーズに乗って1万2000フィート（約3658メートル）上空まで上昇し、パラシュート降下の準備を始めた。輸送機の後方に目をやると、カリフォルニアの美しい空が見えた。雲ひとつない快晴だった。眼下に見える太平洋は穏やかで、あの高度からはメキシコ国境がまるで数キロ先にあるかのように見える。

パラシュート降下部隊の指揮官が「用意！」と叫ぶ。ランプ（乗降口）の縁に立ち、見下ろせば地上が見える。

指揮官が私の目を見て笑顔を見せた後、「降下開始、降下開始！」と声を上げた。輸送機から大空へ飛び出し、両手をいっぱいに広げ、両足は膝をやや折る。輸送機のプロペラから生じる突風で私の体は前のめりになるが、やがて両手が風を捉えると体が水平になった。

即座に高度をチェックし、体が回転していないことを確認してから、自分の近くにほかのジャンパーがいないか見回した。20秒後には高度5500フィート（約1676メートル）に達した。パラシュートの吊索《ちょうさく》（引きひも）を引く高度である。

ふと下に目をやると、突然別のジャンパーが私の下方に滑り込んでくるのが見えた。このままでは降下する私のコースを横切ることになる。

その瞬間、彼が吊索を引いた。補助パラシュートが開き、これがメインのパラシュートをバックパックから引っ張り出す。即座に私は両手を左右に大きく突き出し、できるかぎり頭を地上に向けた。開こうとするパラシュートを避けるためだ。だが、間に合わなかった。

彼のパラシュートが私の目の前で開いた。エアバッグ並みの時速190キロ以上の速度で私に激突したのだ。パラシュートに跳ね飛ばされた私は回転してコントロールを失い、激しい衝撃で意識は朦朧《もうろう》としていた。

数秒間、体がもんどりうっただろうか。とにかく体勢を安定させようともがいた。高度計も確認できず、地上まであとどのくらい残っているのかもわからない。

反射的に吊索に手をやり強く引いた。メインパラシュートの後部にある小さなポーチから補助パラシュートが飛び出した。

ところが片方の足に絡みついてしまい、地上めがけて真っ逆さまに急降下している。絡みついた補助パラシュートを振り払おうと、もがいているうちに事態は余計に悪くなった。メインパラシュートが中途半端に開きかけたため、もう片方の足に巻きついてしまったのだ。

首を上空に向かって伸ばしたところ、両足にライザー（メインパラシュートと背中側のハーネスをつなぐ左右2本ずつのナイロン製の帯）が絡みついているのが見えた。

1本のライザーが片足に、もう1本が残る足に絡まっている。メインパラシュートはバックパックから完全に飛び出しているが、体のどこかに引っかかっている。

絡まりを外そうともがいているうちに、突然パラシュートが体から離れて開いていくのがわかった。両足のほうを見て、これはまずいことになるととっさに感じた。

数秒後、パラシュートが風を捉《とら》えた。片足ずつ絡みついていた2本のライザーもそれに合わせて一気に上昇し、私の足が持っていかれた。パラシュートが開く力で体を包むハーネスが裂け、その勢いで骨盤が分離してしまった。骨盤と体をつなぐ大量の小筋肉が引き裂かれたのである。

口を大きく開き、メキシコ中に聞こえるかのように絶叫した。焼け付くような痛みが全身を貫き、骨盤へ、そして頭へと激痛が走る。筋肉が激しく痙攣《けいれん》し、上半身は拷問のような痛みに包まれる。

両手両足の痛みは激しくなるばかり。まるで自分の体と魂が離れ離れになったかのような気分になり、自分の絶叫が聞こえてきて、それをコントロールしようとするのだが、筆舌に尽くしがたい痛みが襲いかかる。

依然として頭が下向きになっていて、異常なスピードで降下していたが、ハーネスの中で体を起こすと骨盤や背中への痛みがわずかに和らいだ。

高度は1500フィート（約457メートル）。

つまりパラシュートが開くまでにすでに4000フィート（約1219メートル）も急降下していたのだ。幸いだったのはパラシュートが開いてくれたことだが、悪い知らせもあった。開く衝撃で体が引き裂かれてしまった。

着陸したのは、本来の降下地帯から3キロも離れた場所だった。数分後、降下地帯のクルーや救急車が到着した。サンディエゴ中心部にある外傷専門病院に担ぎ込まれた。翌日には外科手術が完了した。

この事故で骨盤が13センチほど裂けていた。腹部の筋肉が骨盤骨からはがれ、背中と足の筋肉はパラシュートが開いた衝撃で重大な損傷を受けていた。大きなチタンプレートを骨盤にネジ止めし、さらに安定させるために腰に長い肩甲骨用のボルトを埋め込んだ。

もうこの仕事はできなくなるなと思った。有能なSEALsの一員になるには、健康体でなければならないからだ。リハビリには数ヵ月、場合によっては何年もかかる可能性があった。

このため海軍では、任務に適性があるかどうか医学的な診断を実施することになった。病院自体は7日後に退院できたが、それから2ヵ月間、自宅で寝たきりの療養生活が待っていた。

かつて私は向かうところ敵なしという自信にあふれて生きていた。持ち前の運動神経の良さのおかげで、きわめて危険な状況でも生き抜いてこられたと信じて疑わなかった。少なくとも療養生活を送るまでは、そのとおりだった。

この仕事に就いてから、命にかかわる出来事に見舞われたことは一度や二度ではない。

別のパラシュートと空中で衝突したこともあるし、小型潜水艇が制御不能になって潜行が止まらなくなったこともある。石油掘削施設で１００メートル以上も落下しそうになったし、沈みかけたボートの下敷きになったこともあれば、仕掛けた爆薬が早めに暴発してしまったこともある。数え上げればきりがない。いずれもほんの一瞬が生死を分けた出来事だった。

そのたびに正しい判断が下せたうえ、身体能力も高かったから目の前の危険を回避できた。

だが、今回ばかりは違っていた。

ベッドに身を横たえながら、ただただ自分が哀れで、悲劇のヒーロー気取りだった。だが、いつまでも泣き言を並べているわけにはいかない。妻のジョージアンに看護や介助の負担が重くのしかかっていたからだ。傷口の消毒、毎日の服薬の介助、ベッドに寝たまま利用できる差し込み便器の清掃……。

だが妻にとっていちばん重要な仕事は、私の記憶を回復させることだった。自分が誰なのかわからないのである。

妻は、私が何事もあきらめない性格と知っていたこともあり、今すぐ何か始める必要はないんだからと安心させてくれた。そして、自分のことを情けないとか惨めなどと思ってはいけないと強く叱ってくれた。

あのときの私には、深い愛情に支えられた厳しさが必要だった。その甲斐あって、日増しに私は快方に向かっていった。

友人たちも自宅に遊びにきてくれたり、電話をくれたりと気にかけてくれた。とにかく何でも気づいたことを手伝ってくれた。

海軍の方針上、私がSEALsを続けられるのかどうか見極めるための医学的な能力評価が必要だったが、上司に当たるエリック・オルソン海軍大将はこの手続きを省略できる方法を見つけてくれた。職を失わずに済んだのは、オルソン大将のおかげだ。

SEALsのチームで過ごした日々、私は数え切れないほどの失敗やつまずきを味わった。そのたびに誰かが現れては救いの手を差し伸べてくれた。

私の能力を信じてくれた人、私以外に適任はいないと将来性を買ってくれた人、自分の評判が傷つくかもしれないのにあえてリスクを承知で私の昇進を後押ししてくれた人。こうした人々を決して忘れはしないし、私の業績や成果はこうやって助けてくれた人々なくしてありえない。

誰しも人生でつらい出来事と無縁ではいられない。人生の目的地へたどり着くためには、素晴らしい人々のチームが欠かせない。

SEALsの基礎訓練で使ったあの小さなゴムボートのように、自分1人だけで漕ぎ進めることはできない。

友は多いほどいい。成功は友人の支えがあってこそだ。このことを忘れてはならない。

CHAPTER THREE

大切なのは
心の大きさ

Only the Size of Your Heart Matters

世界を変えたいのなら

器の大きさで人を
判断せよ

あの日、私は海岸に向かって走っていた。右手に黒い潜水用のフィン（足ヒレ）、左手には潜水マスクを抱えていた。「整列休め」の合図で、フィンを柔らかい砂浜に固定し、それぞれを立てて二等辺三角形を作る。

私の両隣にも訓練生が立っている。グリーンのTシャツ、カーキ色の水泳パンツ、ネオプレン（合成ゴムの一種）製の短めのブーツ、小さめのライフジャケットを身につけ、毎朝の3・2キロの遠泳が始まるのだ。

ライフジャケットは小ぶりなゴム引きの浮き袋になっていて、取っ手を引けば膨らむ仕組みだった。訓練生の間では、ライフジャケットを使うような事態に陥るのは恥ずべきことと考えられていた。

それでもSEALs教官は毎回遠泳の前に全員のライフジャケットを点検することになっていた。教官にしてみれば、この点検の時間は嫌がらせをエスカレートさせるチャンスでもあった。

その日のコロナド沖の波の高さは約2・4メートル。3段の荒波がうなりを上げて次々に押し寄せる海を前に、訓練生は皆、いつもより緊張していた。教官は隊列の前をゆっくりと歩き、私の右隣の訓練生の前で立ち止まった。

彼は三等水兵で海軍では新入りだった。身長は１６５センチもない感じだった。ＳＥＡＬｓ教官はいくつもの勲章を付けたベトナム帰還兵で、身長は１９０センチはあろうかという大男。そんな教官が小柄な水兵の前にそびえ立っている。

教官は、彼のライフジャケットを点検後、背後に迫る荒波を見つめると、巨体を屈《かが》めてフィンを拾い上げた。三等水兵の顔のすぐ前にフィンを持ち、「本気でフロッグマンになりたいのか」と静かに尋ねた。

三等水兵は直立不動のまま、教官に挑むかのように毅然《きぜん》と「そうであります、教官」と声を振り絞った。

フィンを顔の前でゆらゆらと振りながら教官が言う。「あんな大波が来たら、ちっぽけなお前なんかまっぷたつになるぞ」。教官はしばらく黙って波を見つめてから、口を開いた。

「やめるなら今だ。怪我をしてからでは遅い」

隣に並ぶ私からも、三等水兵の顔が緊張で引き締まっていくのが見えた。

「やめる、つもりは、ありません」

三等水兵が一語一語絞り出すように答えた。すると、教官は前屈みになって彼の耳元で何か囁《ささや》いた。荒波の音にかき消されて、私には聞き取れなかった。

全員の点検が終わり、教官は私たちに海に入るよう命じた。遠泳が始まった。

1時間後、私は波が崩れ始める砕波帯をどうにか切り抜け、砂浜をめざしていた。ふと砂浜に目をやると、あの三等水兵が立っているではないか。すでに泳ぎ切っていて、クラスでもトップを争うほどの速さだった。

訓練後に彼をつかまえて、教官に何と耳打ちされたのか尋ねた。すると彼は笑顔を見せながら鼻高々に言った。

「『できるものなら、やってみろ』ってね」

SEALsの訓練とは、常に何かを証明することだった。体格は大きな問題ではないことを証明し、肌の色が重要ではないことを証明し、カネをかければ向上できるわけではないことも証明した。また、決断力と不屈の精神は常に才能に勝ることの証明でもあった。

私は幸運にも、訓練が始まる1年前にこの教訓を得ていた。

ある日、サンディエゴのダウンタウンから、ウキウキした気分で市バスに乗り込んだ。向かうは、コロナドの湾の反対側にあるSEALs基礎訓練施設だ。

私は当時、海軍士官候補生の最上級生で、海軍予備役士官訓練課程（ROTC［訳注：州立大学内に設置されている将校任命資格取得のための課程］）プログラムの一環として夏の訓練航海実習に参加することになっていたのである。

海軍士官候補生の最上級生というのは、大学の3年生と4年生の間に当たり、すべて順調にいけば次の夏には任官となり、SEALs訓練に参加できる見込みだった。確か週の半ばだったと思うが、ROTC教官の許可を得て、停泊中の船上での訓練を外れてコロナドに向かった。

有名なホテル・デル・コロナドでバスを降り、通りを1・6キロほど歩くとコロナド海軍水陸両用基地の海岸にたどり着く。第11・第12水中爆破処分隊が使っている建物がいくつか見えてきた。いずれも朝鮮戦争当時からある年代物の建物だ。

これを通り過ぎると、大きなレンガ造りの平屋の建物が見えてくる。外には大きな木の看板があり、絵本でおなじみの「カエルのフレディ」がSEALsのマスコットとして描かれている。

といっても、こちらのフレディはTNT爆弾を手に持ち、葉巻をくわえている。この建物が西海岸のフロッグマン（水中工作員）たちの本拠地なのだ。

水中マスクにフィンで戦う勇敢な戦士たちは、過去に硫黄島、タラワ島、グアム島、韓国・仁川《インチョン》の海岸への上陸を成功させた輝かしい歴史を持つ。少し胸の鼓動が高まり始めた。まさに1年後にここに加わることこそ、私の夢だったからだ。

水中爆破処分隊の隣がSEALチーム1の建物だった。当時、ベトナム戦争で軍人として最強の男たちと評判になった新世代のジャングルファイターの拠点だ。

別の大きな木の看板には「アザラシのサミー」のキャラクターがあしらわれ

ている。

　こちらも絵本のサミーと違って、片手に短剣、黒マントをまとっている。後でわかったのだが、フロッグマンとＳＥＡＬｓ（海軍特殊部隊）は同一だったのである。全員がＳＥＡＬｓ訓練の修了者であり、根はフロッグマンそのものなのだ。

　やがて海軍基地の海岸沿いのいちばん奥にある建物が見えてきた。建物の正面には、基礎水中爆破ＳＥＡＬｓ訓練所とある。正面玄関の前には２人のＳＥＡＬｓ教官が立ち、周囲には高校から来ていると思われる若い海軍士官候補生数人がいる。巨体の教官とあどけない高校生が好対照だ。

　一方の教官は、上等兵曹ディック・レイ。身長１９０センチ以上あり、広い肩幅、引き締まった腹筋、よく焼けた肌、細いペンシル形の口髭《くちひげ》が特徴だ。まさに絵に描いたようなＳＥＡＬｓ隊員の姿だった。

　その隣に立っているもう一方が同じく上等兵曹のジーン・ウェンス。身長は１８０センチを優に超え、アメフトで言えばラインバッカーのように大きく威圧感を放つ体格で、がっしりとした筋肉と鋭い眼光は、近寄ることさえはばかられるほどだった。

若い海軍士官候補生らは建物の中に通された。私もドキドキしながら彼らの後について中に入り、受付の若い水兵に事情を話した。自分がテキサス大学から来た海軍士官候補生であることや、ＳＥＡＬｓ訓練について担当者と話したいことを伝えた。

水兵はしばらく席を外してから再び受付に現れた。訓練第１段階担当将校のダグ・ヒュース大尉が数分でよければ相談に乗ってくれるとのことだった。ヒュース大尉の執務室に呼ばれるまでの間、私は廊下をゆっくりと行ったり来たりしながら、壁に飾られた写真を眺めていた。

いずれもベトナムで活躍したＳＥＡＬｓの姿だ。メコン・デルタ沿いの腰ほどもある深い泥沼から這《は》い上がる男たちである。迷彩服をまとい、夜間の任務から戻って来たＳＥＡＬｓ小隊の写真もある。自動火器や弾薬帯を抱え、スイフトボート（高速警備艇）に乗り込んでジャングルに向かう写真もある。

長い廊下の先にも写真を見ている男がいた。服装から察するに民間人だ。華《きゃ》奢《しゃ》な体つきで、ひ弱と言ってもいいかもしれない。まるでビートルズのようにボサボサの黒髪が両耳にかかっていた。想像を絶する戦士たちの活動に敬服するように、じっと写真を見つめている。

もしや彼も海軍のＳＥＡＬｓ隊員になれそうだと思っているのだろうか。写真を見ながら、あの厳しい訓練に耐えられるほど自分が強靱《きょうじん》だと本気で考えているのだろうか。小さな体で重い背嚢《はいのう》や何千発もの弾薬を配べるとでもいうのだろうか。

彼は正面玄関にいた２人のＳＥＡＬｓ教官の姿を見なかったのだろうか。そんな資質を完全に備えた人間がそこら中にいるわけがないのに。

きっと誰かに吹き込まれて彼も勘違いしてしまったのだろう。

そう思うと、どこかやるせない気持ちになった。たぶん、民間人としての快適な暮らしを捨てて、ＳＥＡＬｓの訓練にチャレンジしてみてはどうかとそそのかされた口だろう。

数分後、受付の水兵が静かに歩いてきた。いよいよヒュース大尉の執務室に案内してもらえるのだ。ヒュース大尉もSEALsの広告塔的な存在だった。背が高く筋骨隆々で、褐色の髪はウェーブがかかっていて、海軍のカーキ色の制服をまとうととても精悍《せいかん》に見えた。

私はヒュース大尉のデスクの前に用意された椅子に座り、SEALs訓練やプログラムの詳細について話を聞いた。ベトナムでの経験や、SEALs訓練終了後のチームでの生活の様子を説明してくれた。

ふと横目でドアの外をちらりと見ると、例の民間人らしき華奢な男が相変わらず壁の写真に釘付けのようだ。ヒュース大尉との面会待ちなのだろう。きっと私と同じようにSEALs訓練の詳細を聞きに来たはずだ。

そう考えると、なんだか自分に自信が出てきた。あの華奢な男でさえSEALsとしての過酷な生活を生き抜くことができると思っているのだ。それに比べれば、私のほうがどう見ても有利だからだ。

すると、ヒュース大尉は突然話をやめて、デスクから遠くに目をやった。廊下の男に大きな声で呼びかけた。私は立ち上がった。ヒュース大尉が例の男に部屋に入るように身振りで合図したからだ。

「こちらはトーマス・ノリスだ」

ヒュース大尉が私にそう紹介しながら、男をがっちりとハグして出迎えた。

「トミーはね、ベトナム戦争で最後に名誉勲章を授与されたSEALs隊員なんだよ」

その男、ノリスは、やや照れ臭そうに笑顔を見せた。私も笑顔で返し、握手を交わした。

自分のことが滑稽に思えた。訓練に耐えられるのか疑問に思えたこの華奢なボサボサ頭の男が、伝説のトーマス・ノリス大尉だったとは。

ベトナム戦争に従軍し、撃墜された2人の空軍兵士を救い出すため、毎晩連続で敵の前線を突破して深く斬り込み、作戦を成功させて名を馳せた、あのトーマス・ノリス大尉である。

また、北ベトナム軍に顔面を撃たれ、助かる見込みなしとして戦場に置き去りにされたものの、後から下士官のマイケル・ソーントンに救出されて一命を取り留めた、あのトーマス・ノリス大尉でもある。ちなみにマイケル・ソーントンも、このノリス救出の功績が認められて、名誉勲章を授与されている。

重傷から復活を遂げ、ＦＢＩ初の人質救出チームの一員となった、あのトーマス・ノリス大尉。

この物静かで控えめで謙虚な男が、ＳＥＡＬｓの長い歴史の中でも最強のＳＥＡＬｓ隊員の１人だったとは。

１９６９年、若きトーマス・ノリスはＳＥＡＬｓ訓練から外されてもおかしくない状況だった。体も小さく華奢で体力も十分ではないと判断されたからだ。だが、私と同じクラスだった若い水兵のように、ノリスもそうした周囲の見方が誤りであることを自ら証明してみせた。

重要なのは体の大きさではなく、心の大きさ、人間としての器の大きさなのだ。

CHAPTER FOUR

人生は不公平。
だから走り続けろ！

Life's Not Fair——Drive On!

世界を変えたいのなら

理不尽な目に遭おうとも
前進あるのみだ

砂丘のてっぺんまで駆け上がり、何のためらいもなく向こう側に一気に駆け下りる。全力疾走でめざすは太平洋だ。そしてグリーンの制服、つばの短いキャップ、ブーツというフル装備のまま、カリフォルニア州コロナドの海岸に激しく叩きつける波間に頭から飛び込む。

びしょ濡れになって海から上がると、ＳＥＡＬｓ教官が砂丘に立っていた。腕組みをした教官の鋭い眼光が朝もやをつんざく。

「ミスター・マック、わかってるな！」

当然、承知していた。

空元気を出し、腹の底からあらん限りの声を上げて「フーヤー！」（訳注：「押忍《おす》」のように気合いを入れるときや了解を意味する米海軍特有の言葉）と叫び、砂浜の柔らかい砂にうつぶせに倒れ込んだ。

そして制服全体が砂まみれになるまで右へ左へと体を回転させる。ついでに念には念を入れて、いったん体を起こし、手を砂に深く突っ込み、砂をつかんで空中に放って全身くまなく降りかかるようにする。

よくあることなのだが、朝の体力訓練の時間に何かしら理由をつけられ、

「ＳＥＡＬｓ訓練規則の違反」をとがめられる。そのペナルティは、波打ち際の先まで行ってダイブし、のたうち回って身体中砂だらけになる「シュガークッキー」の刑である。

ＳＥＡＬｓの訓練で何よりも嫌だったのが、このシュガークッキーだ。訓練には辛いことやヘトヘトになることはいくらでもあったが、シュガークッキーは忍耐と思いきりのよさを試される。

首筋、脇の下、股間まで砂だらけで、その日を過ごさなければならない。気持ち悪さはもちろんだが、そもそも教官の思いつきでシュガークッキーの刑に処せられるのだから、たまったものではない。シュガークッキーはいわば教官の気まぐれなのだ。多くのＳＥＡＬｓ訓練生にとって受け入れがたいものだった。

超一流をめざしてがんばっている以上、華々しい成果を上げたら評価されて当然だと期待している。

ところが、実際に報われるときもあるが、まったく認めてもらえないときもある。ときには一生懸命がんばった末の〝ご褒美〟がシュガークッキーだけということもあった。

たっぷり砂まみれになったと思ったら、教官のもとに駆けつけ、「フーヤー！」と叫んで気をつけの姿勢をとる。

シュガークッキーが納得のいく基準に達しているかどうか念入りに見ているのは、フィリップ・L・マーティン大尉。同僚からはモーキーと呼ばれていた教官だ。もちろん私がそんなふうに呼べるはずもなく、マーティン大尉と呼んでいた。

モーキー・マーティンは、生粋《きっすい》のフロッグマンだった。生まれも育ちもハワイで、SEALs将校として私が望む条件をすべて備えている人物だった。ベトナム戦争を戦った帰還兵で、SEALsが保有するあらゆる武器に精通していた。

また、SEALsの全チームの中でスカイダイビングの腕も屈指の存在なうえに、ハワイ出身らしく泳ぎも右に出るものはいないほど優れていた。

「ミスター・マック、今朝、シュガークッキーになった理由がわかるか」

マーティンに問いただされた。言葉こそ穏やかだったが、明らかに尋問調だった。

「マーティン教官、わかりません」

礼儀正しく答えた。

「それはな、ミスター・マック、人生は不公平なものだからだ。そこに早く気づいた者ほど、充実した人生を送ることができる」


――――


1年後、マーティン大尉と私はファーストネームで呼び合う間柄になった。つまり、SEALs基礎訓練を終え、訓練センターから異動し、コロナドの第11水中爆破処分隊に配属となったからだ。

モーキーのことを知れば知るほど、尊敬の念は膨らんでいった。卓越したSEALs隊員であることはもちろん、アスリートとしても驚異的な才能の持ち主だった。1980年代初めにトライアスロンが大ブームになったが、その先頭に立っていたのが彼だったのだ。

海を泳ぐモーキーの自由形は実に美しいフォームだった。陸にあっても強靱なふくらはぎと太腿で難なく長距離を疾走したが、彼の真骨頂は自転車だ。まるで彼の体と自転車が一心同体のように動くのだ。

毎朝、自転車に乗り、コロナドにあるシルバーストランド複合訓練施設で起伏のある50キロ近いコースを走っていた。また、太平洋を望む海岸沿いには平坦な舗装の自転車コースがあった。

このコースはコロナドの市街地からインペリアルビーチの市街地まで続いていた。一方に海、反対側に湾の風景が広がり、カリフォルニア屈指の風光明媚《めいび》な地域だった。

ある土曜の早朝のこと。モーキーはいつものように自転車でシルバーストランドの海岸沿いに向かった。頭を低く落として高速にペダルを踏んでいたから、対向の自転車に気づかなかったのだろう。

時速約40キロで2台の自転車が衝突したのだ。その衝撃で自転車はくしゃくしゃに潰《つぶ》れ、ライダー同士は激しくぶつかり合って、どちらもアスファルトのコース上に放り出され、うつぶせに倒れた。

対向車のライダーはどうにか体を起こして、やっとのことで立ち上がった。負傷したものの、それ以外は問題なかった。

一方、モーキーはうつぶせのまま動けない。数分で医療スタッフが到着し、モーキーの体を固定して病院に搬送した。

当初、麻痺は一時的なものと思われたが、何日経っても、何ヵ月経っても、何年経っても足の機能が回復しない。衝突事故で下半身麻痺が残り、両腕も自由に動かせなくなってしまったのである。

この35年間、モーキーは車椅子生活が続いている。その間、彼が人生の逆境に不平を言うのを一度たりとも聞いたことがない。「どうして俺が?」といった疑問を口にしたことがないし、自らを哀れんだこともないのだ。

実際、あの事件以降、モーキーは画家としてめきめきと腕を上げた。また、美しいお嬢さんの父親でもある。年に一度の「スーパー・フロッグ・トライアスロン」大会を創設し、今も大会を統括している。

自身の非運から目を背け、その原因を自分以外に求めることは簡単だ。生まれ育った環境や、親の育て方、通った学校で将来がすべて決まってしまうと考えることも簡単だ。

だが、そんなのはとんでもない嘘っぱちだ。普通の人々も、優秀な人々も、男も女も、人生の不公平さにどう向かい合うかで決まるのである。

ヘレン・ケラーしかり、ネルソン・マンデラしかり、スティーブン・ホーキングしかり、マララ・ユスフザイしかり、そしてモーキー・マーティンしかりだ。

ときにはどれほど努力しても、どれほど優秀でも、結局「シュガークッキー」を振る舞われておしまいということもある。

不平不満を口にしない。不幸を理由にしない。

堂々と胸を張り、未来を見据え、走り続けるのだ。

CHAPTER FIVE

失敗するから
強くなる

Failure Can Make You Stronger

世界を変えたいのなら

サーカスを恐れるな

その日、コロナド島沖の波は起伏が大きく、ビーチまで横泳ぎで戻るときには、白く砕ける小さな波頭に顔を叩きつけられた。

いつものようにスイムバディ（水泳パートナー）と一緒にSEALs訓練クラスの仲間に後れをとらないように必死にがんばっていた。

監視艇からペースをもっと上げろと教官がハッパをかけるが、懸命に泳げば泳ぐほど、集団からの距離は広がるばかりだった。

この日のスイムバディは少尉のマーク・トーマスだった。私と同じように海軍予備役士官訓練課程（ROTC）を経て少尉に任官された男だ。バージニア軍事大学卒で、長距離走ではクラスでもトップの成績だった。

SEALs訓練では、何かあったら頼れるのはスイムバディしかいない。潜水の際、お互いの体をロープでつなぐ相手を務めるのもスイムバディである。遠泳で一緒に泳ぐのもスイムバディだ。勉強を助けるのも、落ち込んだときに励ましてくれるのも、訓練を通じていつも一番の盟友となるのも、みんなスイムバディだった。

バディのどちらかがしくじれば、その結果は2人で背負い込むことになる。

教官は、ここに目をつけて、チームワークの大切さを強調する。

ようやく私たちが泳ぎ終えて海岸にたどり着くと、ある教官が私たちを待ち構えていた。

「伏せ！」

教官が怒鳴り声を上げた。

この命令を受けたら、すぐに腕立て伏せの体勢をとる。地面に伏せて背筋を伸ばし、腕はまっすぐに伸ばして頭を上げるのだ。

「2人とも将校だろう？」

そう言われて返す言葉がない。何を言われるかはわかっていた。

「ＳＥＡＬｓの将校たるもの、模範を示す立場だ。水泳でビリになるなどもってのほか。クラスの足を引っ張ってどうするんだ」

教官は、伏せの姿勢をとる私たちの周囲を歩きながら、砂を蹴って顔に浴びせた。

「諸君には無理だ。ＳＥＡＬｓの将校としての資格があるとは思えない」

そう言うと、後ろポケットから黒い手帳を取り出し、愛想を尽かした様子で何かを書き込んでいる。

教官は首を横に振りながら、吐き捨てるように言った。

「2人はサーカスリスト入りだ。あと1週間もったら運がいいと思え」

マークも私もこれだけは勘弁してほしかった。毎日午後、訓練の最後に開催される〝サーカス〟なるしごきだ。要は居残りでさらに2時間、体力訓練をやらされるのであるが、強き者だけが訓練に残るべしと考えるSEALsの歴戦の勇士による執拗な嫌がらせ付きだ。

体力訓練でも障害物コースでもタイムラン（所定時間内の走り込み）でも水泳でも、1日の訓練の中で合格水準に満たない科目があれば、リスト入りする。教官から見れば、落伍者ということだ。

訓練生の間でなぜこれほどサーカスが恐れられていたのかというと、余計に辛い目に遭うこともそうだが、サーカスの居残り訓練で翌日は疲労困憊《こんぱい》しているために、再び合格水準に到達できない恐れがあるからだ。

当然、またサーカスを命じられ、これが延々と続くことになる。まさに死のスパイラルだ。この落第につぐ落第の繰り返しで多くの訓練生がここから去っている。

その日の科目に合格した訓練生を除き、マークと私とあと数人がアスファルトの練習場に集められ、長い体力訓練の時間が始まった。

私たち2人が水泳でビリだったため、今回のサーカスは教官が私たちのためにアレンジした特別仕様だ。バタ足である。

何度も延々とバタ足を繰り返す。外洋での遠泳中も力尽きないようにバタ足で腹筋と腿を鍛えるためだと言うのだが、同時に、やっている本人をボロボロにする目的もあった。

仰向けに寝て、足を90度に上げてまっすぐ伸ばし、両手は頭の下に置く。教官の合図に合わせて、足の上げ下げを繰り返してバタ足をする。膝を曲げることは許されない。膝が曲がるようなら、フロッグマンとしては力不足と判断される。

サーカスは辛い。何百回もバタ足をさせられるのは、腕立て伏せ、懸垂、腹筋、エイトカウント（訳注：伏せ、腕立て、開脚、ジャンプなど8種連続で1サイクルの組み合わせ運動）をこなすのと変わらない。

日が暮れるころには、マークも私もかろうじて動ける程度だった。訓練をしくじった代償はあまりに大きい。

翌日の訓練は、体力訓練がもっと増えて、走り込み、障害物コース、水泳と盛りだくさんになり、残念ながらまたもやサーカスのおまけ付きだった。腹筋、腕立て伏せ、バタ足の回数がどんどん増えていく。

だが、サーカスを続けているうちに、おもしろいことが起こった。なんと泳ぎが上達し、マークも私も仲間内で上位に食い込み始めたのだ。

落伍者のための懲罰として始まったサーカスだったが、そのおかげで以前よりも泳ぎが力強く、速くなり、自信もついたのである。

ほかの訓練生が訓練を断念したり、たまにしくじってうまく対応できなかったり、その先に待ち構えている地獄に耐えきれなかったりする中、マークと私はサーカスに絶対に負けないと決意していた。

訓練課程が終わりに近づいたころ、最後の外洋遠泳があった。サンクレメンテ島沖での5マイル（約8キロ）レースだ。許容時間内にゴールすることがSEALs訓練修了の条件だった。

栈橋から海に飛び込むと、水温はかなり低かった。15組のペアが一斉に飛び込み、半島に囲まれた入り江から、コンブが密生する辺りを抜け、外洋に向けて泳ぎ出した。

2時間も経過すると、当初かたまっていた集団がすっかり散らばり、全体の中で自分たちのペアがどのくらいの位置にいるのか見当がつかなくなる。

4時間後、感覚が麻痺して疲労はたまり、低体温症の瀬戸際まで追い込まれながらも、マークと私は海岸にたどり着いた。波打ち際には、例の教官が立っていた。

「伏せ！」の声が響いた。

手も足もかじかんでいるから、指先、つま先が砂に触っている感覚もない。精いっぱい顔を上げようとするのだが、見えるのは2人の周囲を歩く教官のブーツだけだ。

「この将校2名はまたもやクラスに恥をかかせた」

視界にまた別のブーツが、さらに別のブーツも入ってきた。どうやら数人の教官が私たちを囲んでいるらしい。

「諸君のせいでチームメート全員の印象が悪くなった」

そして、やや間をあけてから「諸君、直れ！」と号令がかかった。

マークと私は立ち上がって海岸を見渡し、そこで初めて自分たちがトップでゴールしたことに気づいた。

「彼らに恥をかかせたのは諸君だ。２番手はいまだに姿も見えない」

そう言って教官は笑顔を見せた。

マークと私は振り返って海を眺めた。確かに誰も見えない。

「よくがんばった。人より多く苦痛を経験した甲斐があったようだな」

そして教官は一呼吸置いてから、前に一歩出て私たちと握手した。

「諸君がチームの一員になる日がきたら、諸君の訓練を担当できたことを私は誇りに思うはずだ」

私たちはついにやった。あの遠泳は、訓練の中でも最後の厳しい科目だった。数日後、マークと私は修了の日を迎えた。

マークは後にＳＥＡＬｓのチームで輝かしい実績を上げることになる。私たちは今日に至るまで親友の間柄である。

人生は至るところでサーカスに直面する。しくじれば、それなりの代償を迫られる。

だが、あきらめずに努力し、失敗に学び、もっと強くなれば、人生で最も過酷な状況でも乗り切ることができるようになる。


――――


人生で最も過酷な状況は1983年7月に到来した。

その日、部隊長の前に立っていた私は、海軍SEALsの一員としての人生に幕が下ろされるものだと思い込んでいた。小隊の編成・訓練・ミッション遂行のあり方を変えようとしたことが原因で、小隊長の任を解かれたばかりだったからだ。

もちろん、組織には優秀な士官や下士官兵がいたし、見たこともないほどプロ意識むき出しの戦士たちもいた。

だが、依然として組織の体質はベトナム戦争時代からほとんど変わっていなかったため、改革が必要だと考えていた。

あとでわかったことだが、改革は容易ではない。そして誰よりも苦労するのが、大鉈《おおなた》を振るわなければならない本人なのだ。

幸いなことに、解任とはいえ、上司である部隊長は私がＳＥＡＬｓの別のチームに異動することを許してくれた。

だが、ＳＥＡＬｓの士官としての信用は大きく失墜した。どこに行っても、ほかの士官や下士官兵は私がしくじったことを知っていて、私がＳＥＡＬｓの任務にふさわしくないとでも言いたげな噂話やそれとなく古傷に触れる言動が毎日のように見られた。

キャリアという意味で、この時点で私が取るべき道は二つに一つだった。

まず、軍人生活を退いて民間人として生きていく道だ。これは、直近の士官適性報告に照らせば、当然の選択といってもよかった。

もう一つは、嵐に耐え、自他ともに認めるＳＥＡＬｓ士官としてふさわしい男だと証明してみせる道だ。私は後者を選んだ。

解任からほどなくしてチャンスが巡ってきた。ＳＥＡＬｓ小隊担当士官として海外展開する機会が与えられたのだ。海外展開期間の大部分は、奥地に入り、孤立した状態の中、自力でやっていくしかない。リーダーとしての力を発揮できるいい機会だと考えた。

12人のＳＥＡＬｓ隊員と窮屈な場所で共同生活を送る以上、逃げも隠れもできない。朝の訓練で１００％の力を発揮しているかどうか、隊員全員に手に取るようにわかる。自分が飛行機から先陣を切ってダイブするときも、いちばん最後に食事を手にすることも、隊員は見ている。

武器の手入れ、無線の動作チェック、敵情の判断、任務概要の説明など、常に隊員から注視される。翌日の訓練の準備を夜通しやっていたことも隊員は知っている。

ひと月、またひと月と海外展開の期間が長くなる中、私は過去の失敗を糧に気持ちを高め、小隊の誰よりも懸命に働き、奮闘し、成績を上げた。ときには成績が一番になれないこともあったが、常に全力を尽くして取り組み、一度たりとも手を抜いたことはなかった。

やがて私は再び隊員から尊敬を集めるようになった。数年後、自分自身のチームを率いることが許された。そして最終的には西海岸のＳＥＡＬｓ全チームの司令官に上り詰めることになる。

２００３年ごろにはイラクとアフガニスタンでの戦闘に参加していた。准将に昇格して交戦地帯で軍を率いる立場になり、私の決断ひとつで結果が大きく左右されるようになった。

最初の数年間は、しくじることもたびたびあった。失敗や過ちもあったが、その何百倍もの成功を収めた。人質救出、自爆攻撃阻止、海賊捕獲、テロリスト殺害、数え切れないほどの人命救出などだ。

過去の失敗を糧に私は強くなったのであり、誰でも過ちと無縁ではいられないのだと実感した。真のリーダーたるもの、失敗に学び、その教訓を生かして自らを奮いたたせ、物怖《ものお》じすることなく何度も挑戦し、次の難しい決断を下さなければならない。

サーカスからは逃げられない。誰もがどこかでリスト入りする。だが、サーカスを恐れるな。

CHAPTER SIX

勇気をもって挑め！

You Must Dare Greatly

世界を変えたいのなら

立ちはだかる障害には
思い切って頭から突っ込め

高さ約9メートルの塔のてっぺんに立ち、太いナイロンロープをつかんだ。ロープの一方の端は塔の先端に固定され、もう一方の端は約30メートル先の地上にあるポールに固定されている。傾斜をつけてピンと張られたロープはいわば滑り台のようになっている。

これは障害物コースの中の障害のひとつで、「スライド・フォー・ライフ」(命がけの滑り台)と呼ばれるロープ渡りである。この日はSEALsの障害物コースに挑んでいて、記録的なペースでここまで進んでいた。

両足を前方に振り上げてロープに引っ掛け、必死でロープに足を絡ませたら、足からじわりじわりと進んでいく。

体はロープにぶら下がった状態で、30メートル先をめざして足を少しずつずらしながら、尺取り虫のようなペースでのろのろと前進する。

反対側にたどり着いたら、ロープを握っていた手を離し、柔らかい砂の上にすとんと落ちる。そして次の障害物に移動するわけだ。クラスのほかの訓練生は大声で声援を送ってくれるのだが、耳に入ってくるのは経過時間を叫ぶ教官の声ばかりだ。この障害物でずいぶん時間を取られてしまった。

ナマケモノ風の私のロープさばきではどう考えても遅すぎるのだが、どうしたものか、頭から滑り降りていく方法には挑めずにいた。

コマンドースタイルと呼ばれる頭から降りていく方法を使うほうがはるかに速いのだが、その分、リスクも大きい。ロープにぶら下がるのではなく、ロープの上に腹這いに乗るため安定性は悪い。落下して負傷でもしたら、クラスから外されることになる。

結局、障害物コースのゴールにたどり着いたときには、がっかりするようなタイムだった。体をくの字に曲げて息も絶え絶えにしていると、ピカピカに磨き上げたブーツに糊のきいたグリーンの制服の教官が私の前にやってきた。ベトナム帰還兵ですでに白髪交じりだ。

その教官が私を覗き込み、「マック君、いつになったらコマンドースタイルを身につけるつもりなのかね?」と明らかに蔑《さげす》んだ口調で言う。

「君がリスクを取ろうとしない限り、あの障害物コースで毎回やられるんだ」

1週間後、再びスライド・フォー・ライフが目の前に立ちはだかった。恐怖心を押しのけて、ロープの上に体を這わせ頭から前進した。結果は自己ベストの記録でゴールした。あのベトナム帰還兵でSEALs出身の教官が、それでいいんだとばかりにうなずいた。

恐怖心を克服し、自分の力を信じれば、任務を遂行できるという至極単純な教訓だった。この教訓が、それからの私の人生で大きな力を発揮してくれた。

2004年、イラクでのことである。無線の交信相手の声は穏やかではあったが、明らかに緊迫感に満ちていた。私たちが捜索していた人質3人の居場所がついに突き止められたという。テロ集団のアルカイダに捕らえられた人質は、バグダッド郊外の囲いを巡らせた邸宅に閉じ込められているらしい。

悪いことに、敵情を探るとテロリストらはそこから人質を移送しようとしていて、一刻も早く行動を起こす必要があった。

救出作戦を担当する陸軍中佐の話によると、危険を伴う白昼の襲撃を実行することになるという。さらに都合の悪いことに、潜伏先の邸宅に強襲部隊を送り込むには、ヘリコプター「ブラックホーク」3機を敷地内に着陸させるほかなかった。

それ以外の戦術の可能性について話し合ったが、やはり中佐の判断が正しいことは明白だった。奇襲性があるほうが有利であることを考えれば、救出作戦は夜間の実施が好ましい。

だが、このときばかりは救出のチャンスがきわめて限られていて、今行動を起こさなければ、人質が移送され、場合によっては殺害される恐れもあった。

私が作戦を承認した数分後には、救出部隊が分乗した3機のブラックホークが潜伏先に向かっていた。ブラックホークの上方からは別のヘリコプターが監視カメラで状況を捉え、私のいる作戦本部に映像を送ってくる。目立たないようにブラックホーク3機が砂漠の地上すれすれ、高さ1メートルにも満たない超低空飛行で進む様子を私はじっと見つめていた。

塀で囲まれた邸宅の中庭には、自動火器で武装した男が建物から出たり入ったりしているのが見えた。どうやら出発の準備中のようだ。

ヘリはあと5分で着く。作戦本部にいる私ができることと言えば、ヘリの内部で最終準備に取りかかっている救出部隊の会話に耳を傾けるくらいしかない。

私が指揮した人質救出作戦はこれが初めてではなかったし、これが最後というわけでもなかったが、邸宅の敷地内に降り立って奇襲をかける必要があったから、かなり思い切った作戦だったことは間違いない。

陸軍航空隊の操縦士は世界最強の腕前だったとはいえ、リスクの高い作戦だった。ヘリのプロペラの羽根は18メートルを超えるため、3機はインチ単位の余裕しかないスペースに着陸することになる。その難易度の高さに加え、邸宅が2メートル40センチ以上のレンガの塀に囲まれていたから、操縦士は進入角度を大きく変更せざるを得なかった。強行着陸になることが予想された。無線ごしに救出部隊が着陸の衝撃に備える様子が伝わってきた。

監視カメラの映像から、ブラックホークが最終進入態勢に入ったことがわかった。1機目が水平飛行で塀を越えてから、いったん機首を起こして狭い中庭に突入した。即座に救出部隊が飛び出し、建物になだれ込んだ。それから間髪を容《い》れずに2機目が続き、わずか数メートル隣に着陸した。

プロペラからの吹き下ろしで土埃《つちぼこり》が舞い上がり、中庭は砂煙に包まれた。続いて3機目が邸宅に接近すると、大量の砂塵《さじん》で一時的に操縦士の視界が断たれたため、機首はギリギリで塀を越えたが、後輪が高さ2メートル40センチの塀に衝突し、レンガが辺りに散らばった。

スペースに余裕はまったくないため、操縦士はドスンと音を上げながら地上に強制着陸させたが、機内の乗員は全員無事だった。

何分か経過後、人質は全員無事との一報を受けた。30分以内に救出部隊と人質は安全な場所への移動を開始していた。

危険を覚悟で作戦に臨んだ甲斐があった。

それからの10年間、特殊作戦部隊はリスクを取ることが基本だと悟るようになった。成功を手にするために、常に自分たち自身や装備の限界に挑んでいるのだ。

こうした姿勢があるからこそ、ＳＥＡＬｓは多くの点でほかの組織とは一線を画する特別な存在なのである。だが、部外者の目に映る姿とは違って、リスクを計算し、熟慮を重ねたうえで綿密に計画を立てている。たとえ無意識だとしても、作戦に参加する隊員は自らの限界を承知しており、それでも自分を信じて限界に挑戦するのである。

私は軍人生活を通じて、SASの略称でお馴染みの英陸軍特殊空挺部隊に大いなる敬意を払ってきた。

SASのモットーは「Who Dares Wins」（挑む者に勝利あり）だ。広く知られているモットーだけあって、ビン・ラディン急襲の実行直前にもクリス・ファー部隊最先任上級曹長が作戦準備に取りかかるSEALs隊員にこのモットーを紹介していた。

このモットーは、英陸軍特殊空挺部隊の作戦への取り組み姿勢だけでなく、私たちの生き方にも当てはまる。

人生は戦いであり、失敗の可能性は常にあるが、失敗や苦難や恥を恐れて生きる者は、自らの可能性を発揮できない。

限界に挑まず、機会があってもロープを頭から滑り降りることもせず、思い切って冒険することもなければ、自分の可能性に気づかないまま人生を終えるのだ。

CHAPTER SEVEN

いじめに
立ち向かえ

Stand Up to the Bullies

世界を変えたいのなら

サメを見ても
逃げ出すな

4

マイル（約6・4キロ）の夜間遠泳が始まった。サンクレメンテ島沖は波の起伏が大きく水は冷たい。スイムバディのマーク・トーマス少尉が私の横泳ぎにぴったり合わせて泳いでくれる。緩めのウェットスーツのジャケットに、マスク、フィン（足ヒレ）以外は装備らしい装備も持たず、小さな半島の周囲では南へと押し寄せる波に逆らって懸命に泳ぐ。

当初は見えていた海軍基地の明かりも、私たちが外洋へと進むにつれて視界から消えていく。1時間もしないうちに海岸から1マイル（約1・6キロ）ほどに到達。海にいるのは自分たちだけのような孤独感を覚える。たとえ周囲で誰かが泳いでいても、夜の闇に覆い隠されてしまうのだ。

ゴーグル越しにマークと視線を合わせる。2人の心が通じていれば、どちらも同じ表情になっているはずだ。サンクレメンテ島沖の海域がサメだらけであることはお互い承知している。ただのサメだけでなく、最大にして最も獰猛《どうもう》な人食いザメとして知られるホオジロザメまでいる。

だから遠泳に先立って、その晩に遭遇しそうなあらゆる脅威についてSEALs教官から説明がある。ドチザメ、アオザメ、シュモクザメ、オナガザメもいるのだが、何と言ってもホオジロザメは最大の脅威だった。

有史以前からの生物が海面のすぐ下で、真っ二つに食いちぎる餌食を待っているかと思うと、夜の海の真っ只中で孤独でいることが恐ろしく思えてくる。だが、夜の海に何が潜んでいようと、どうしてもSEALs隊員になりたい2人を止めることはできない。

サメと戦わざるを得ない状況になっても、2人ともその覚悟はできていた。ゴールがあるから、しかも私たちにとって崇高にして栄誉あるゴールだからこそ、勇気を奮い起こすことができたのだ。

そして勇気は驚くような力を発揮する。勇気があれば、もはや誰も、何も、前進する私を邪魔することはできない。勇気がなければ、素晴らしい社会が育まれることもない。勇気がなければ、世の中にいじめがはびこる。ひとたび勇気を持てば、どんなゴールも達成できる。勇気があれば、悪事を寄せつけず、打ち砕くことができる。

イラクの大統領だったサダム・フセインは、オレンジ色のジャンプスーツだけを着て古い野営ベッドの端に座っていた。24時間前に米軍に身柄を確保され、米国の捕虜となっていたのだ。

ドアを開け、イラク新政府の指導者らを部屋に案内したが、サダムはベッドに座ったまま動かなかった。

ニヤニヤするだけで、後悔している様子も、屈服した様子も見られなかった。すぐさま4人の指導者から怒りの声が上がったが、全員遠巻きにしていて腰が引けている。

そんな姿に軽蔑の眼差しを向け、生気のない笑みを浮かべるサダムは、4人に手振りで座るよう指示した。やはり元独裁者。彼らには恐怖心があるのだろう。指示されるままに、それぞれ折り畳み椅子を持ってきて着席した。

4人は依然として抗議や非難の声を上げていたが、元独裁者が話し始めると、怒声はゆっくりと収まった。

サダムが君臨していたころのバアス党は、何千人ものシーア派イラク人や何万人ものクルド人の命を奪った。サダムも、忠誠心が欠ける配下の将官を大量に処刑していた。

その日、サダムの部屋を訪れた新政府指導者らにとって、目の前にいる男はもはや脅威でも何でもないはずなのだが、彼らはまだ確信を持てなかったようだ。明らかに彼らの目は怯《おび》えていた。

確かに、「バグダッドの虐殺者」の異名どおり、長年にわたって国中を恐怖に陥れてきた男だ。個人崇拝の結果、悪の権化のような狂信的支持者がサダムの下に集まった。手下の極悪集団は罪のない人々に残虐の限りを尽くし、大量の人々が国を追われた。

そんなイラクでは、この暴君に戦いを挑む勇気を誰もが失っていた。サダムはすでに獄中にいるにもかかわらず、新指導部が依然としてこの男の力を恐れていることは間違いなかった。

権力の座から降ろされた事実をサダムに突きつけるのがこの面会の目的だっ

たとしたら、その目論見は外れた。こんなわずかな時間にも、サダムは何ら動じることなく、逆に新指導部を恫喝《どうかつ》してみせた。以前より堂々として見えたほどだ。

面会を終えたイラク新指導部が去った後、サダムを小部屋に隔離するよう護衛に指示した。訪問者の予定があるわけでもないし、小部屋に張り付く護衛も、サダムと話してはならないと命じられていた。

それから1ヵ月以上にわたって私は毎日この小部屋を訪れた。毎日、サダムは立ち上がって敬意を表したが、1日たりとも言葉を口にすることはなく、私も手振りで簡易ベッドに戻るよう指示していた。

こういう態度を通じてシグナルを送ったのである。

もう誰もちやほやしない。周りの人間を恫喝することもできない。家臣に恐怖を植え付けることもできない。きらびやかな宮殿も今は昔。侍女も召し使いも将官もいない。権力も消え去った。支配体制を根底から支えていたおごりと圧制も終焉《しゅうえん》を迎えた。

勇気ある米国の若き兵士たちがサダムの暴政の前に立ち上がった結果、サダムの威光はもろくも崩れ去ったのである。

30日後に私はサダム・フセインを担当の憲兵隊に引き渡し、その1年後には国家に対する罪でイラク政府により絞首刑が執行された。


いじめは、いつの時代もどこにでもある。学校でも職場でも起こりうるし、民に恐怖を与えて国を支配する行為も根は同じである。

いじめる側の人間の原動力は、恐怖心と威嚇だ。自分の臆病で弱気な気持ちを力に変えているのだ。

いじめる人間は、海中で恐怖心を察知するサメに似ている。サメは餌食になりそうなターゲットの周囲をぐるぐる回りながら、慌てふためいているかどうかを見極める。相手が自分より弱いかどうか試しているのだ。

逃げ腰にならず一歩も引かない勇気を見せなければ、サメは襲いかかってくる。夜間の遠泳も、人生も同じだ。ゴールを達成するには、男であれ、女であれ、強い勇気を持った人間になる必要がある。その勇気は誰の心の奥深くにも宿っている。
自分の心にまっすぐ向き合えば、あふれんばかりの勇気が見つかるはずだ。

CHAPTER EIGHT

難局に
臨機応変に
対処せよ

Rise to the Occasion

世界を変えたいのなら

真っ暗闇に包まれても
ベストを尽くせ

海辺の小さな砂州に立ち、湾の向こうに目をやると、サンディエゴ海軍基地に隊列を組んで係留されている戦艦が見えた。私たちのスタート地点と戦艦との間には、サンディエゴ湾に投錨した小型艇が浮かんでいる。

その小型艇が今晩の〝ターゲット〟だ。私たちの訓練クラスでは、数ヵ月にわたって基礎スキューバダイビング術と、気泡が出ない閉鎖式潜水機材を使った上級の潜水術を叩き込まれる。そしてその夜、潜水課程のクライマックスを迎えるのだ。基礎ＳＥＡＬｓ訓練の中でも技術的に最難関とされる訓練だ。

スタート地点から湾に飛び込み、潜水で２０００メートルを泳いで、係留している小型艇に向かう。小型艇の真下まで来たら訓練用の吸着機雷を竜骨（船底の中央に船首から船尾まで貫かれた構造材）に取り付け、敵に発見されないように砂浜まで戻る任務である。

このエマソン社製の潜水機材は〝死の機材〟と恐れられていた。何しろ、ときどき機能不全に陥ることはよく知られていて、この機材を使用中に多くの訓練生が亡くなっているというＳＥＡＬｓの伝説まであった。

夜のサンディエゴ湾の水中は視界が悪く、目の前に自分の手をかざしてもよく見えないほどだった。携行するのは、水中コンパスを照らすための小さなグリーンの化学反応発光灯だけだ。

しかも悪いことに、その晩は霧が立ち込めていた。湾を靄《もや》が覆っていて、最初にコンパスでターゲットの方向を確認するのも難しい。ターゲットを見失えば、船の航路に迷い込みかねない。そんなときに海軍の駆逐艦が入港中なら大変なことになる。

夜間潜水の準備をする25組の潜水員の前に、ＳＥＡＬｓ教官が行ったり来たりしている。私たちだけでなく、教官も落ち着かないようだった。怪我や死の可能性が最も高い訓練であることを知っているからだ。

この訓練を担当する米海軍曹長が全潜水員に小さな円陣を組むよう命じた。

「諸君、今晩我々は、この中の誰が本気でフロッグマンを志望しているか見極めることになる」

しばらく間を空けてから、曹長は続けた。

「外は寒いし暗い。小型艇の下はもっと暗くなる。方向感覚を失うほどの真っ暗闇だ。スイムバディからはぐれたら、もう見つけてもらえないほど暗い」

霧が立ち込め、私たちが立っていた砂州さえも、靄に包まれ始めていた。

「今晩、諸君には本気でベストを尽くしてもらいたい。恐怖にも疑念にも疲労にも打《う》ち克《か》たなければならない。どんなに暗くなろうとも、任務は遂行しなければならない。だからこそ、諸君はほかの者たちと一線を画する存在なのだ」

この言葉は、それから30年経っても私の頭から離れることはなかった。

その日、アフガニスタンのバグラム空軍基地の滑走路には霧が立ち込めていた。目の前には、あの夜のように、また暗闇が広がり始めていた。滑走路と格納庫をつなぐ連絡路に駐機した大型長距離輸送機C－17のランプ（乗降口）が開いた。戦死した兵士の遺体を収めた棺が運び込まれようとしていた。

戦場で命を落とした兵士を見送る追悼儀式「ランプ・セレモニー」だ。極めて厳粛であると同時に、イラクやアフガニスタンでの戦いのさまざまな場面を思い起こさせる瞬間でもあった。

そして究極の米国らしさを体現するひとときでもある。男女を問わず、生い立ちや経歴とも関係なく、また英雄的な最期だったかどうかとも関係なく、誰もが崇高な尊厳と敬意を持って扱われるのだ。

これこそが、犠牲となった一つひとつの命に対する米国の受け止め方にほかならない。私たちにとっては最後の敬礼であり、最後の感謝の心であり、祖国への帰還を見送る祈りなのだ。

ランプからは兵士が2列で長い隊列を成している。「休め」の姿勢で並んでいた兵士たちが儀仗隊《ぎじょうたい》を組む。輸送機の右側では3人編成の楽隊が「アメージング・グレース」を静かに奏でる。

私自身を含め数人が左側に集まり、さらに格納庫に沿って何百人もの兵士、水兵、空軍兵士、海兵隊員、事務官、同盟国関係者が並ぶ。そして一同がそろって最後のお別れをするのだ。

遺体を乗せたHUMVEE《ハンヴィー》（高機動性装輪車）が時間どおりに到着する。戦死した英雄らが所属する部隊の隊員6人が棺を担ぐ。HUMVEEから星条旗に包まれた棺を下ろし、棺を担いだ隊員が儀仗隊の並ぶ前をゆっくりと進み、ランプを上って輸送機内へと入っていく。

隊員らは、輸送機の貨物室中央に棺を配置し、きびきびとした動きで体の向きを変え、気をつけの姿勢で敬礼する。

棺のそばで牧師が頭を垂れて『旧約聖書』の「イザヤ書」6章8節を読み上げる。


そのとき、わたしは主の御声《みこえ》を聞いた。

「誰を遣わすべきか。

誰が我々に代わって行くだろうか。」

わたしは言った。

「わたしがここにおります。

わたしを遣わしてください。」


葬送のラッパが演奏されると、兵士たちの頬を涙がこぼれ落ちた。悲しみを隠そうとするものは誰もいない。

棺に付き添った隊員らが離れると、外で整列している兵士らが一人ひとり棺のもとに歩み寄り、敬礼して棺の前にひざまずき、最後の祈りを捧げる。

その日の昼近くにはC－17が飛び立ち、途中で給油してから、米デラウェア州のドーバー空軍基地に到着する。現地でも儀仗隊が遺族とともに棺を迎え、自宅まで送り届ける。

愛する人を失うことほど人生で辛い瞬間はない。家族として、部隊として、地域社会として、街として、国家として、こうした沈痛なひとときを人々が互いに寄り添い、最善を尽くそうとする姿を私は何度も見届けてきた。

陸軍の特殊作戦部隊の経験豊富な隊員がイラクで命を落とした際、双子の弟が気丈に振る舞いながら、故人の友人らを元気づけ、家族をまとめていた。この辛く苦しいときにこそ、故人に誇りに思ってもらえるよう、がんばったのだという。

また、戦死したレンジャー隊員の遺体がジョージア州サバンナの基地に帰還した際には部隊全体が丁寧に手入れした制服に身を包み、教会から、リバーストリート沿いにある故人のお気に入りだったバーまで葬列を行った。

沿道にはサバンナの町中の人々が出てきて追悼したという。消防士、警察官、退役軍人、一般の人たちなど、さまざまな人々が、アフガニスタンで勇敢に戦い、命を落とした若き兵士を敬礼で出迎えた。

また、アフガニスタンで輸送機のCV－22オスプレイが撃墜され、パイロットと乗員数人が亡くなったときには、空軍の同じ部隊に所属する兵士が追悼のために集まった。そして翌日には再び空へ舞い戻っていった。残された隊員には引き続き空で任務を続けてほしい。故人もそう願っているはずだと考えたからだ。

ヘリコプターの墜落で特殊作戦部隊の隊員25人、州兵6人が命を落とした際には、国中が喪に服しただけでなく、亡くなった兵士たちの勇気、愛国心、勇敢さに大いに誇りを感じた。

人生には悲しみにくれる瞬間が必ずある。愛する人を失わないまでも、心が折れ、将来を悲観してしまうような出来事はきっとある。悲しみのどん底に突き落とされたときには、自分の心の奥深くにしっかりと向き合い、最良の自分を失わないことだ。

CHAPTER NINE

希望を
はこぶ人になれ！

Give People Hope

世界を変えたいのなら

首までぬかるみに浸かっても
声を振り絞って歌え

突然、海からの夜風が風速約9メートル（時速約32キロ）に達した。月は見えない。夜空には雲が低く垂れ込め、星もよく見えない。

その晩、私は胸まであろうかという泥の中に座り込み、頭からつま先まで泥にまみれていた。顔にこびりついた泥に視界を遮られ、隣の窪みに一列に並ぶ仲間の姿がぼんやりと見えるだけだ。

これは水曜日の「ヘル・ウィーク」（地獄の1週間）の様子だ。私が所属していたSEALs訓練クラスでは、ティファナの干潟で横になったまま耐える訓練に挑んでいた。誰もが恐れる訓練だ。

ヘル・ウィークはSEALs訓練の第1段階の目玉ともいうべきイベントだ。6日間不眠不休で、教官の容赦ないしごきに耐える。内容は、長距離走、外洋遠泳、障害物コース、ロープ登り、無限に続く体力訓練、小型ゴムボート（IBS）の連続パドリングなどだ。

ヘル・ウィークの目的は、弱い人間、言い換えればSEALsにふさわしい強靱さを持たない人間を排除することにある。

統計から言えば、訓練全体の中でヘル・ウィークほど多くの訓練生がやめていく期間はない。そしてヘル・ウィークの中でも最も過酷な訓練が、この干潟なのだ。

南サンディエゴとメキシコの間に広がる干潟は、土地が低いためにサンディエゴ一帯からの排水が流れ込み、深く、粘度の高いぬかるみがどこまでも広がっていて、いつも湿潤性の粘土層が維持されている。

その日の昼すぎ、私たちのクラスはゴムボートでコロナドから干潟にたどり着いた。到着してまもなくぬかるみに入るよう命じられた。冷たいぬかるみの中で全身泥まみれの惨めな状態のまま耐える訓練は、ほかの訓練生との競争であると同時に、自己との戦いでもある。

泥が体中の至るところにまとわりつく。粘り気が強いため、体を動かせば、体力を消耗しやすく、忍耐力を試される。

この耐久レースは、何時間にもわたって繰り広げられる。夕方には骨身にこたえる寒さと疲労で体を動かすこともままならなくなる。日が暮れて気温が下がると、風が強くなり、ますます過酷な状況になる。

士気は急激に下がり始める。何しろ、まだ水曜日。あと3日も苦痛と疲労が続くのだ。多くの訓練生にとってまさに正念場だ。

体の震えが止まらない。手も足もずっと動かし続けているからすっかり腫《は》れ上がり、皮膚は敏感になっているからちょっと動かすだけでも不快でたまらない。そして訓練を完遂するという思いは急激に薄れていくのだ。

遠くの街の明かりを背に浜に立つSEALs教官が、これ見よがしに干潟の端まで歩いてくる。

苦痛に顔を歪める訓練生たちを前に、拡声器を使ってまるで親友に語りかけるように優しくねぎらいの声をかける。

そんな訓練はやめにして、こっちに来ないかと言う。教官は仲間の教官たちと焚き火を囲んでいる。手には、熱いコーヒーやチキンスープ。ぬかるみから出てきて、日の出まで少し休まないか、ここでゆっくりしないかと誘いかける。悪魔の囁きだ。

何人かの訓練生が教官の悪魔の囁きに乗ろうとしているのがわかった。そもそもこんなぬかるみにどれほど浸かっていられるのか。暖かい焚き火に熱々のコーヒー、チキンスープなんて悪くないじゃないか。

だが、そこに罠がある。教官の狙いはこの段階で5人を脱落させることにある。5人がリタイヤすれば残りの訓練生は苦痛から少しは解放される。

私のすぐ隣にいた訓練生が教官のもとへ行こうと動き出した。私はとっさに彼の腕をつかんで強く引き寄せたが、ぬかるみから脱したい気持ちのほうがはるかに上だった。私の手を振り払い、乾いた浜に向かって歩き出した。

教官はさぞうれしいだろう。1人が脱落すれば、つられて何人も後に続くとわかっているからだ。

ヒューヒューと吹きつける風の合間に、突然、誰かの声が聞こえてきた。訓練生の1人が歌を歌い始めたのだ。

疲労で苦痛に歪んだ声ではあるが、みんなの耳に届く声だった。まともに聞く力を失っている耳には、歌詞を考える余裕もなかったが、全員に馴染みのある歌だった。最初は1人の声だったが、2人、3人の声が重なり、やがて全員が歌い始めた。

脇目も振らずに乾いた浜を目指していた訓練生が突然引き返し、私の隣に戻ってきた。そして私と腕を組むと、仲間たちの歌声に加わったのだ。

教官は拡声器を取り出し、私たちに向かって歌をやめろと怒鳴りつけた。

誰もやめようとしない。教官は、クラスのリーダーに訓練生を大人しくさせろと命じる。それでも歌は止まらない。教官が怒鳴りつけるたびに歌声は大きくなり、クラスの結束力も強まっていった。そして逆境に負けない不屈の精神が育まれた。

暗闇の中で、焚き火の炎が教官の顔を照らし出した。教官は笑顔を浮かべていた。


ここでも私たちは大切な教訓を学んだ。たった1人の力が集団の連帯感を生み出し、たった1人の力が周囲の人々を奮い立たせ、希望を与えるのだ。

誰かが首まで泥に浸かりながら歌うことができるなら、私たちも歌うことができる。誰かが凍えるような寒さに耐えることができるなら、私たちも耐えることができる。誰かががんばり抜くことができるなら、私たちもがんばり抜くことができるのだ。

ドーバー空軍基地の大きな部屋には、沈痛な面持ちの家族が詰めかけていた。母親に抱きしめられて泣きじゃくる子どもたち、お互いに心が折れないように必死に手を取り合う親たち、現実を受け入れられずにいる妻たち。

ほんの5日前、海軍SEALsとアフガニスタンの特殊作戦協力部隊を乗せ、陸軍パイロットが操縦するヘリコプターがアフガニスタンで撃墜されたのだ。乗員38人全員が犠牲になった。対テロ戦争では、1回の事故としては最大の犠牲を出すことになった。

1時間もしないうちに大型輸送機C－17がドーバー空軍基地に帰還することになっていた。

犠牲になった英雄たちの家族が駐機場に案内された。星条旗にくるまれた棺を迎えるためだ。

家族が待っている間に、米国大統領、国防長官、陸軍長官、海軍長官、空軍長官、軍の上級幹部が一列になって待合室に入り、遺族に敬意を表し、できる限りの慰めの言葉をかけていた。

私は、戦死した兵士の追悼に何度も立ち会ってきた。それは生易しいものではない。最愛の人を失った人々に弔慰の言葉をかけたからといってそれが何の役に立つのか、あるいは最愛の人を失ったショックで私が何を言っても耳に入らないのではないかと何度も自問自答した。

私は妻のジョージアンを伴って、亡くなった兵士の遺族に言葉をかけようとしたが、何と言っていいのかわからずに心苦しい思いをしたことがある。遺族の辛さを増幅するようなことはできない。

息子や夫、父親、兄弟、あるいは友人を失った人々に、彼の死は無駄ではなかったと、どうやって伝えられようか。一人ひとりに心からのお悔やみの言葉をかけ、一人ひとりを抱きしめ、一緒に祈りを捧げた。

彼らのためにも私はつとめて気丈に振る舞ったが、言葉が思うようには出てこないのだ。

年配の女性の前でひざまずいているとき、隣にいた遺族の1人が海兵隊のジョン・ケリー中将と言葉を交わしているのが目に入った。国防長官付き軍事補佐官でもあるケリーは長身で細身、短く刈った白髪交じりの髪で、パリッとした海兵隊の制服に身を包んでいた。

ケリーは家族を前に語りかけている。この悲劇を受けてのお悔やみと慰めの言葉が、深い悲しみに包まれた両親や子どもたちの心に大きく響いたようだった。

ケリーが穏やかに微笑むと、遺族もそれに応じるように微笑んだ。そして遺族を抱き寄せると、遺族もそれに応えるようにケリーを抱き寄せた。ケリーが差し出した手を遺族は固く握っていた。

もう一度両親と抱擁を交わし、命を賭けた戦いについて遺族に感謝の言葉を伝えた後、ケリーは悲しみにくれる別の遺族のもとへと移動した。さらに1時間ほどかけて室内に集まっていたほぼすべての遺族に弔意と感謝の言葉をかけていた。

この日、犠牲者の両親や妻、兄弟姉妹、友人らの共感を誰よりも集めていたのがケリーの言葉だった。彼の言葉は思いやりに満ちた言葉であり、慈しみに満ちた言葉であり、何よりも希望に満ちた言葉であった。

その日、誰よりも心打つ言葉をかけることができたのはジョン・ケリー以外にいなかっただろう。遺族に希望を与えることができたのは、ジョン・ケリー以外にいなかっただろう。

というのも、息子を戦場で失うことがどれほど辛いか身をもって知っているのはジョン・ケリーだけだったからだ。

ジョン・ケリーの次男で、海兵隊の第5連隊第3大隊に所属していたロバート・ケリー中尉がアフガニスタンで命を落としたのは、２０１０年のことだった。当時中将だったジョン・ケリーを始めとする遺族は、この悲劇を必死に乗り越えようとしていた。

まさにあの日、ドーバー空軍基地で面会した遺族と同じ経験をしていたのだ。ケリー一家は苦難をどうにか乗り越えることができた。容赦なく襲いかかる悲嘆、苦悩、やるせない喪失感を耐え忍んだのである。

ドーバーでケリーの動きを見ていた私も力をもらった。兵士を失った遺族を思えば、心が痛むだけでなく、自分もいつか同じ運命をたどるのではないかという恐怖に襲われる。自分が子どもを失ったら、その悲しみを乗り越えられるだろうか。あるいは自分自身が犠牲になったとき、残された家族は安心して暮らしていけるだろうか。神の慈悲を求めてひたすら祈り、想像もつかない苦しみを1人で背負い込むべきではない。

それから3年後にはジョン・ケリーと私は親友の間柄になった。彼は卓越した士官であり、妻のカレンにとっては頼もしい夫であり、娘のケイトと長男で海兵隊少佐のジョン・ケリー・ジュニアにとっては優しい父親であった。

だが、それだけではない。ジョン・ケリーは、知らぬ間に周囲の人々に希望を与えていたのだ。それは、最悪の状況の中で悲しみや絶望感、苦悩を乗り越え、強く生きるという希望である。

また、私たち一人ひとりがあきらめない気持ちを持ち続け、単に耐え抜くだけでなく、周りの人々の気持ちをも奮い立たせる人間でありたいという希望だ。

この世で希望ほど強い力はない。

希望があれば、国家を素晴らしい地位に導くこともできる。希望があれば、虐げられた人々を立ち上がらせることもできる。

希望があれば、耐えがたいほどの喪失感を癒やすこともできる。往々にしてそのきっかけとなるのは、大きな影響力を持つ1人の人間が現れることなのだ。

誰しも首までぬかるみに浸かるような苦難の瞬間を経験する。そのときこそ、声を振り絞って歌おう。笑顔を忘れず、周囲の人々の心を奮い立たせ、明日は今日よりも素晴らしいという希望を人々に与えるのだ。

CHAPTER TEN

何があっても投げ出すな！

Never, Ever Quit!

世界を変えたいのなら

絶対に鐘を
鳴らすな

SEALs訓練の初日、150人の訓練生がずらりと直立不動の姿勢で立っていた。教官はブーツにカーキ色の短パン、ブルーとゴールドのTシャツというでたちだ。アスファルト敷きの広い中庭を歩いて真鍮《しんちゅう》製の鐘が吊り下げられた柱の前で立ち止まり、訓練生全員を見据えた。

「諸君、今日はSEALs訓練の初日である。これから6ヵ月間、諸君には米軍で最も過酷な訓練課程を受けてもらう」

周囲に目をやると、同期の仲間たちが不安の表情を浮かべているのが見えた。教官が続ける。

「諸君が人生で経験したことのないような試練が待ち受けている」

そして一呼吸置いて、新入りのひよっこたちを見回した。いや、海軍だけに〝おたまじゃくし〟といったほうがいいだろう。

「諸君の大半は最後までやり遂げられないはずだ。それが私の仕事だからだ」

そう言って笑顔を見せた。

「私は力の限りを尽くして、諸君をやめさせるつもりだ」

とりわけ「やめさせる」という部分を強調する。

「容赦ないしごきを与える。チームメートの前でたっぷり恥をかかせてやる。諸君を限界まで追い込むから覚悟しておきたまえ」

一瞬ニヤリとしてから「辛く苦しいだろう。苦しくて苦しくて仕方がないだろう」と付け加えた。

そして教官が近くにある鐘のロープを強く引くと、ガランガランと大きな音が中庭に響いた。

「苦しさに耐えられない、一連のしごきに耐えられない。そんなときに簡単に抜け出せる方法がある」

そう言って、再びロープを引くと、金属の重い音が鳴り響いた。

「投げ出したいときには、この鐘を3回鳴らすだけでいい」

教官は鐘のロープから手を離した。

「この鐘を鳴らしさえすれば、もう早起きをしなくてもいい。鐘を鳴らしさえすれば、長距離走とも寒中水泳とも障害物コースともおさらばだ。鐘を鳴らしさえすれば、あらゆる苦しさを避けて通ることができる」

すると教官は、アスファルトに視線を落とした。用意してあるスピーチとは別のことを言おうとしているように見えた。

「だが、これだけは言っておこう。もしやめれば、生涯、後悔するだろう。投げ出すことで何かが楽になることはないんだ」

実際、その6ヵ月後に修了式の場に立つことができたのは、33人だけだった。例の方法で安易に逃げ出した者もいた。おそらく教官の言うとおり、逃げ出した訓練生は生涯後悔していることだろう。

私はSEALs訓練を通じてさまざまな教訓を学んだが、中でもいちばん重要な教訓は「やめるな」だった。

一見、何でもない言葉だが、人生では、続けるよりやめるほうがはるかに楽に思える状況に何度も出くわす。自分にとって不利な状況になるほど、投げ出すほうが合理的な判断に思えてくるのだ。

私はこの仕事を続ける中で、男女を問わず、絶対に投げ出さない人々や絶対に自分を哀れむことのない人々からいつも刺激を受けてきた。

だが、私が最も心を揺さぶられたのは、アフガニスタンの病院で出会った若き陸軍レンジャー隊員だ。

――――

ある晩、遅くに配下の兵士が感圧式地雷を踏み、救急ヘリで私の本部の近くにある野戦病院へ搬送されたとの一報が入ってきた。レンジャーの連隊長を務めるエリック・クリラ大佐と私はすぐに病院に駆けつけ、隊員が収容された病室に入った。

ベッドに横たわった隊員の口と胸から何本もの管が伸び、爆発による火傷が腕や顔に縞状に広がっていた。体には毛布がかけられているが、よく見ると、足があるはずの辺りは毛布が真っ平らだ。そう、この瞬間、彼の人生は大きく変わったのである。

アフガニスタンでは、数え切れないくらい野戦病院を訪ねてきた。戦時のリーダーとしては、身内から人的な損害が出ないに越したことはない。だが、これも戦いのうちだ。兵士は負傷もするし、命を失うこともある。リーダーとしてあらゆる決断を下す際、命を失う可能性を前提にしていいとなれば、ただただ成果を上げることに躍起になるだけだ。

だが、この晩はやや違った。

今、ベッドに横たわっている隊員は19歳。本当に若い。私の2人の息子よりも若い。名前はアダム・ベイツ。

ちょうど1週間前にアフガニスタンに到着し、これが彼の最初の戦闘任務だった。私はかがんで彼の肩に手をやった。静かに眠っていて意識はなさそうだ。しばらく思案した後、短い祈りを捧げた。病室から出ようと準備しているとき、隊員の様子を見に看護師が入ってきた。

彼女は微笑み、脈拍や体温などを確認してから、容態について質問があるかと尋ねてきた。看護師によれば両足は切断されたうえ、爆発による重傷を負っているが、命に別条はないという。

ベイツ隊員の看護に尽くしてくれていることに礼を言い、意識が戻ったらまた来ると伝えた。すると「あら、意識はありますよ。ぜひ話しかけてやってください」。看護師が若き隊員の体をそっと揺すると、彼はかすかに目を開け、私がいることに気づいた。

「まだ、しゃべれないんですよ。でも、この方のお母さんは耳が不自由なものですから、手話ができるんです」

そう言いながら、私にいろいろな手話が書かれた1枚の紙をくれた。

その手話表を使って、しばらく彼と話してみた。何を伝えればいいのか必死に考えた。国のために戦い、両足を失った若者にどんな言葉をかけてあげられるだろうか。将来について、どうすれば彼が前向きになれるのだろうか。

爆発で顔が腫れ上がり、発赤《ほっせき》と包帯で視界は限られている。そのベイツが私をしばらく見つめた。きっと私の手話から同情の念を汲み取ったのだろう。

彼は手を上げて手話で語り始めた。

彼の手話の意味を一つひとつ手元の紙で確認する。

彼は痛みをこらえながらゆっくりと言葉を紡ぎ出す。

「私は」「きっと」「大丈夫」「でしょう」

そう語って再び眠りに落ちた。

その晩、病院を後にするとき、私の目から思わず涙がこぼれ落ちた。

それまで病院で何百人もの兵士たちと言葉を交わしてきたが、誰一人として不平不満を口にした者はいない。一度たりともだ。

全員が任務に就いたことを誇りに思い、その運命を受け入れ、早く所属部隊に戻り、残してきた仲間と合流したいと口をそろえる。アダム・ベイツは、こうした兵士たちの象徴のような気がしてならなかった。

アフガニスタンで病院を訪ねてから1年後、私は第75レンジャー連隊の指揮官交代式に出席した。

観覧席にベイツ隊員の姿があった。礼装をまとい、新しい義足で堂々と立ち、とても精悍だった。

聞けば、懸垂コンテストで多くのレンジャー隊員の仲間と競っているという。数々の手術、辛いリハビリ、新しい生活への適応など、壮絶な経験だったことは想像に難くないが、彼は絶対に投げ出さなかった。

明るく笑い、ジョークを飛ばし、笑顔を振りまく。彼が病床で約束したとおり、本当に大丈夫だったのだ。

人生は困難の連続だ。だが、自分よりも辛い目に遭っている人々が必ずいる。毎日、ただただ情けない気持ちで過ごし、自分の境遇を悔やみ、身の不運を嘆き、自分が置かれた状況を他人のせいにしたり、何かのせいにしたりしていると、人生は長く辛いものになる。

そうではなく、簡単に夢をあきらめず、堂々と振る舞い、あらゆる困難に負けずに立ち向かえば、人生は自分次第だ。だから素晴らしいものにできる。だから、絶対に、間違っても鐘は鳴らさないでほしい。

―――

覚えているだろうか。日課を1つなしとげてから1日を始めよう。人生には誰かの助けが必要だ。

誰に対しても敬意を払おう。人生は不公平であり、たびたび失敗するものだ。だが、リスクを恐れず、本当に辛く苦しいときこそ前に進み、いじめに果敢に立ち向かい、虐げられた人々を奮い立たせ、決してあきらめない。

これを実践すれば、人生はきっと良くなる。人生だけではない。世界さえも変えることができるはずだ。

テキサス大学
卒業式スピーチ

2014年5月21日

この大学には「ここから始まることが世界を変える」というスローガンがあります。

白状しますが、私はとても気に入っているんです。「ここから始まることが世界を変える」という言葉を。

今晩、ここテキサス大学を約8000人の方々が卒業します。優れた分析力で定評あるウェブサイト、Ask.comによれば、平均的米国人は生涯に1万人の人々と出会うそうです。大変な人数です。

しかし、皆さんの1人ひとりが次の世代の10人の人生を変えたとしましょう。そして、この人生を変えられた10人がそれぞれ次の世代の10人の人生を変えたとします。

これを5世代、つまり125年間繰り返せば、どうなるでしょうか。ここにいる2014年度卒業生は、実に8億人の人生を変えることになるのです。

8億人です。

米国の人口の2倍以上です。もう1世代増やせば、80億人。世界の全人口の人生を変えることができます。10人の人生を変えるなんて、人生を永遠に変えてし

まうなんて、簡単にできるわけがない。そう思っているのなら、間違っていま
す。
イラクで、アフガニスタンで、毎日そういうことが起こっているのを私はこの
目で見てきました。
ある若き陸軍将校がバグダッドの道で直進ではなく、左折しようと判断する。
それで彼が率いる分隊の兵士10人が敵の待ち伏せ攻撃を受けることなく命拾いす
るわけです。
アフガニスタンのカンダハールでFET（女性従事部隊）の下士官が何か不穏
な空気を察知し、500ポンド（約227キロ）の即製仕掛け爆弾から離れるよ
う歩兵小隊に指示したおかげで、10人以上の兵士の命を救うことになりました。
しかも1人の人間の判断で救われたのは、この兵士たちだけではありません。
兵士たちのもとにやがて生まれくる子どもたちの命もまた救われたのです。
その子どもたちの子どもたちも救われました。たった1人の人間によるたった
1つの判断で、何世代もの人々が救われたのです。
世界を変える行動が、いつどこで起こっても、誰が実現しても不思議ではあり

ません。

ですから、ここから始まることが世界を変えることも十分ありうるのです。問題は、あなたがたが世界を変えた後、いったいどんな世の中になるのか、という点です。

きっと今よりずっと、ずっといい世の中になると確信していますが、この老水兵の話にしばしお付き合いいただけるなら、素晴らしい世界に向かって歩んでいくうえで、何かの役に立つと思われる助言をいくつかお伝えできると思います。

これからお話しする教訓は、私が軍隊で過ごす中で学んだものですが、軍に入るかどうかとは関係なく、とても大切なことであるとはっきり申し上げることができます。

性別、人種、宗教、信条、地位、身分とも関係なく、とても大切なことです。この世の中で私たちが悩み苦しんでいることに大きな違いはなく、こうした苦悩を克服して前進するための教訓は、私たち自身、そして私たちを取り巻く世界をも変えるものであり、万人に等しく当てはまります。

私は36年にわたって米国海軍のＳＥＡＬｓ（特殊部隊）隊員を務めました。実際には、その前のカリフォルニア州コロナドでSEALs基礎訓練を受けるためにテキサス大学を離れたときからすべてが始まりました。

SEALsの基礎訓練は6ヵ月間で、足を取られやすい砂浜での拷問のような長距離走、サンディエゴ沖の冷たい海での深夜の遠泳、障害物コース、延々と続く体力訓練、不眠不休の日々、そしていつも寒さに凍え、ずぶ濡れになり、情けない毎日でした。

その6ヵ月間、専門的な訓練を受けた本物の兵士らによるいじめやしごきは日常茶飯事です。心身の弱い訓練生を見つけ出して排除し、海軍SEALsへの道を閉ざすのが彼らの仕事だったからです。

と同時に、あの訓練は、ストレスと混乱と失敗と困難に絶えずさらされる環境でも、先頭に立って進むことができる訓練生を見つけ出す場でもあります。私にとってSEALsの基礎訓練は、人生一生分のあらゆる難題が凝縮されたような6ヵ月でした。

そこで今日は、SEALsの基礎訓練を通じて学んだ教訓10ヵ条をお伝えします。皆さんが人生を歩んでいくうえできっと役に立つと思います。

当時、SEALs基礎訓練の教官はすべてベトナム戦争帰還兵が務めていました。毎朝、訓練生が寝泊まりする宿舎の部屋に担当教官が現れ、最初に1人ひとりのベッドを点検します。

ベッドメイクがしっかりとできていれば、四隅がきれいに直角になり、シーツはピンと張っていて、枕はヘッドボードにぴったりと沿うように中央にあり、予備の毛布はきれいに畳んでラックの下の段に置かれていることになります。

このベッドメイク自体は単純な作業であり、特別なことでも何でもありません。それでも、私たちは、毎朝、完璧なベッドメイクを求められました。

そもそも私たちは真の戦士、百戦錬磨のSEALs隊員になるという夢を抱いて集まっていました。あのころはなんだか馬鹿げたことをさせるものだと思いました。しかし、この単純な行為がどういう意味を持つのか、後にその深い意味を何度となく思い知らされたのです。

毎朝ベッドメイクをすれば、その日の最初の課題を達成することになります。ちょっとした自尊心につながり、その次の日課にも、そのまた次の日課にも取り組む勇気を与えてくれます。たった1つの日課の達成で始まった1日が終わるころには、いくつもの日課をなしとげていることになるのです。

人生で一見ささやかなことが実は重要なのだという事実をはっきりと教えてくれるのが、ベッドメイクでした。

小さなこともできないとしたら、大きなことなどなしとげられるわけがありません。また、辛い1日を過ごしたとしても、家に帰り、きれいになっているベッドが迎えてくれます。

もちろん、あなた自身がベッドメイクしたものです。きれいに仕上がったベッドが、明日はもっといい1日になるよと励ましてくれるはずです。

世界を変えたいのなら、ベッドメイクで1日を始めようではありませんか。

SEALs訓練課程では、訓練生を小グループに分けてボートのクルーチームを作ります。7人編成で、ボートは小型ゴムボート（IBS）。ボートの左右に3人ずつついてパドルを持ち、さらに先頭で艇長が舵を取ります。

毎日、海岸にクルーチームが隊列を作り、波が砕ける辺りまで行って、そこから海岸に沿って7マイル（約11キロ）をパドルで漕いで進むよう命じられます。

冬のサンディエゴ沖の波は、しばしば高さ2・4メートルから3メートルにも達します。全員が全力を出し切らないと、巻き波が襲いかかる中を漕ぎ進むことは困難を極めます。艇長の掛け声に合わせ、全員が一糸乱れずパドルを漕がなければなりません。

全員が同じ力で漕がなければ、ボートが回転して岸側を向き、あっさりと海岸に押し返されてしまいます。ボートを目的地に到着させるには、全員でパドルを漕がなければなりません。

1人の力だけで世界は変えられません。誰かの助けが必要です。スタートからゴールに確実にたどり着くためには、友達や同僚、見知らぬ人の善意、そしてこうした人々を誘導する強力な舵取り役が欠かせません。

世界を変えたいのなら、一緒に舟を漕ぐ友を見つけましょう。

私のクラスには元々150人の訓練生がいました。過酷な訓練が始まって数週間後にはわずか42人に減っていました。ボートのチームは7人編成ですから、6つのグループだけとなりました。

私のチームには背の高いメンバーが多かったのですが、いちばん優秀なチームは小柄なメンバーばかりでした。それで私たちはオズの魔法使いに出てくる小人族のマンチキンにちなんで、「マンチキン・チーム」と呼んでいました。実際、全員が身長167センチに満たないチームだったのです。

マンチキン・チームのメンバーは、米国先住民族出身者1人、アフリカ系米国人1人、ポーランド系米国人1人、ギリシャ系米国人1人、イタリア系米国人1人、そして中西部出身の腕っ節の強い若者2人という構成でした。パドルを漕ぐ力も、走る力も、泳ぐ力も、すべてほかのチームを上回っていました。

毎回水泳の時間にマンチキン・チームのメンバーが小さな足に小さなフィンを履いていると、別のボート・チームの大柄な男たちが悪気はないのですが、よくからかっていました。

ところが、毎回最後に高らかに笑うのは、米国やさまざまな国から集まってきたこの小さな男たちのチームでした。何しろ泳ぎがどのチームより速く、どのチームよりはるかに先に海岸にたどり着いていたのです。

ひとたびSEALsの訓練が始まれば、誰もが同じ土俵に上がります。大切なのは唯一自分の強い意志だけであり、それ以外は何も関係ありません。ここでは肌の色も民族的な背景も学歴も社会的な地位もすべて無意味なのです。

世界を変えたいのなら、人を判断するときにフィンの大きさではなく、人間としての器の大きさを見ましょう。

週に何度か教官がクラス全員を整列させ、制服の点検を行います。帽子はきちんと糊がきいているか、制服はシミひとつなくきれいにアイロンがけされているか、ベルトのバックルは汚れが一切なく輝いているかなど、とにかく細部に至るまで徹底的に調べられます。

しかし、どれほど必死に八角帽に糊をきかせ、制服にアイロンがけし、ベルトのバックルを磨き上げたところで、100点満点にはならないのです。教官は必ずや粗《あら》を見つけ出します。

制服点検に引っかかった訓練生は、制服を着たままの状態で波打ち際の先まで走っていきます。頭のてっぺんからつま先までずぶ濡れになってから、砂浜で全身くまなく砂で覆われるまで、ゴロゴロとのたうち回らなければなりません。

このペナルティは、砂まみれの姿にちなんで「シュガークッキー」と呼ばれていました。そしてその日1日、冷え切った体のまま、ずぶ濡れ、砂まみれの姿で過ごさなければならないのです。

一生懸命努力したにもかかわらず報われなかったことが我慢できないという訓練生はたくさんいました。どれほどがんばって制服をきれいにしても、まったく評価してもらえないのです。

こうした訓練生は、訓練も最後までやり遂げられませんでした。彼らは、訓練の目的を理解していませんでした。絶対に思いどおりの結果にはたどり着かないのです。完璧な状態の制服を手にすることなどありえないのです。

一生懸命に準備し、あるいは一生懸命にチャレンジしても、結局、シュガークッキーになってしまうこともあります。人生とはそういうものなのです。

世界を変えたいのなら、理不尽な試練に耐え、前を向いて歩き続けてください。

毎日の訓練では、さまざまな運動が課せられます。長距離走、遠泳、障害物コース、何時間もぶっ続けの体力訓練など、次々に根性を試されるのです。

それぞれの科目には合格基準があり、それをクリアしなければなりません。基準に満たなければ、リストに名前が書き込まれ、その日の終わりにリスト入りした訓練生は、〝サーカス〟に招待されます。

もちろん、普通のサーカスではありません。ここでいうサーカスとは、2時間の居残り体力訓練です。徹底的に疲労困憊させ、精神的にとことん追い込み、訓練生をやめさせようとするためにあります。

だからサーカスは誰からも恐れられていました。サーカスは、その日の合格基準に達しなかったことを意味します。

それだけでなく、サーカスになれば疲労はもっと増え、ほかの訓練生より疲れが大きい分、翌日の訓練はもっと辛くなります。加えて言えば、翌日もサーカスに招待される可能性は高まるのです。

とはいえ、ＳＥＡＬｓの訓練を受けていれば、誰もが例外なくいつかはサーカスにリスト入りする日が来ます。

そしてリスト入り常連の訓練生には、実におもしろい現象が見られます。彼らは2時間の居残り体力訓練を続けているうちに、どんどん強くなっていくのです。サーカスの辛さが強靭な精神力を育み、粘り強い肉体に変えるのです。

人生はサーカスの連続です。誰もが必ず失敗します。何度も失敗を経験することでしょう。それは苦しく辛いものです。心が折れることでしょう。ときには徹底的に自分を試されるほど辛い試練もあります。

世界を変えたいのなら、サーカスを恐れてはいけません。

SEALs訓練には、週に少なくとも2回は障害物コースを走る訓練があります。障害物コースには、高さ約3メートルの壁越えや、高さ約9メートルのネット登り、有刺鉄線が張られた下の空間の匍匐《ほふく》前進など、25種類の障害物があります。

私にとって中でもいちばん難しい障害は「スライド・フォー・ライフ」（命がけの滑り台）でした。高さ9メートル、3階建て相当の塔があり、そこから約30メートル離れたところには1階建て相当の塔があります。高い塔と低い塔の間にロープが張られています。

3階建ての塔をよじ登り、頂上に到達したら、ロープをつかみ、手足でロープにしがみつくようにぶら下がり、少しずつ手でロープをたぐり寄せながら、反対側の塔まで進んでいきます。私が訓練を開始したのは1977年のことですが、その時点で障害物コース全体の最高記録はずいぶん長いこと破られていませんでした。誰にも破ることのできない記録と思われていました。

ところがある日、このスライド・フォー・ライフで頭から滑り降りるスタイルに挑戦した訓練生がいました。

従来はロープにぶら下がって、少しずつ進んでいくのですが、彼は勇敢にもロープの上に腹這いに乗ってバランスを取り、ロープを滑り降りる方法を取ったのです。非常に危険を伴うやり方で、一見馬鹿げたスタイルでもあり、何よりもリスクが大きすぎる方法でした。

失敗すれば負傷して、訓練から外される可能性もあります。しかし、この訓練生は、ためらいもなく、ロープを勢いよく滑り降り、従来なら数分かかるところを、わずか半分のタイムで渡りきってしまいました。最終的に彼は障害物コースの新記録を打ち立てたのです。

世界を変えたいのなら、ときには危険を冒して頭から障害に飛びかかり、一気に滑り降りてください。

訓練の地上戦段階では、サンディエゴ沖に浮かぶサンクレメンテ島へ訓練生が空路で輸送されます。サンクレメンテ島周辺の海域はホオジロザメがうようよしています。SEALs訓練に合格するには、一連の遠泳科目をすべて遂行しなければなりません。そのひとつが夜間遠泳です。

さあこれから泳ぐぞというところで、教官がこの海域にはあらゆる種類のサメが生息していると、ずいぶんうれしそうに訓練生に告げます。ただし、サメに食われた訓練生はいないと安心させてくれます。もっとも、「少なくとも最近は」というオチもつきます。

もちろん、万が一にもサメが自分の周囲をぐるぐると回り始めたら、慌てずその場で不動の姿勢を取るよう指導されます。その場から逃げようとしないこと。怖がっているそぶりを見せないこと。

運悪く、腹をすかせて夜食を探しているサメが襲いかかってきたら、ありったけの力を振り絞って鼻っ面に思い切りパンチするのです。するとサメは方向を変えて立ち去るはずです。

世界にはたくさんのサメがいます。最後まで無事に泳ぎ切りたいのなら、サメと渡り合う術を身につけておく必要があります。

世界を変えたいのなら、サメに怯えて引き下がってはいけません。

米海軍特殊部隊ＳＥＡＬｓ隊員としての任務のひとつに、敵の船舶に対する水中攻撃があります。基礎訓練中にこのテクニックを徹底的に練習します。船舶攻撃任務では、ＳＥＡＬｓの潜水員がペアとなり、敵の港湾の域外で水中に放り出されます。そこからは深度計とコンパスだけを頼りに3キロ以上を潜水しながら攻撃目標まで接近します。

この遠泳の間、海面からはかなり深いところを潜水するのですが、それでもわずかに光が差し込んできます。頭の上には何も邪魔物がない大きな海が広がっているのだと思うと、ほっとします。

しかし、桟橋に係留された敵船に近づくにつれて徐々に光も薄れていきます。鉄の塊である船が月明かりを遮るからです。周囲の街路灯からの光も遮られます。街の明かりはすべて遮られるのです。

任務を成功させるには、船の下に潜り込み、竜骨と呼ばれる部分を見つける必要があります。船底の中央に船首から船尾まで貫かれた構造材です。ここが攻撃目標になります。

ただし、竜骨は最も深い位置にあります。そこでは目の前にかざした自分の手も見えない暗闇が広がり、耳をつんざくような船舶の機械音が襲いかかります。方向感覚を失いやすく、失敗と隣り合わせの状況なのです。

SEALs隊員なら誰でも心得ていることですが、竜骨の下に潜り込むとき、つまり、この任務が最も暗闇に包まれる瞬間も、冷静さを失わず、とにかく落ち着かなければなりません。

この瞬間こそ、作戦遂行能力、体力、精神力をあますところなく注ぎ込まなければならないのです。

世界を変えたいのなら、暗闇の中でもベストを尽くすことです。

——

訓練が9週目に入ると、「ヘル・ウィーク」と呼ばれる地獄の1週間が始まります。6日間、不眠不休で体力的にも精神的にも徹底的な嫌がらせを受け、最後に干潟を使った特別な1日が待っています。

サンディエゴとティファナの間には海水が干上がってできたティファナ・スルー（干潟）が広がっています。ここは湿地帯で、あっという間にぬかるみに飲み込まれそうになります。

ヘル・ウィークの水曜日、ゴムボートに乗ってこの干潟に向かいます。ここで15時間にわたり、凍てつくような冷たいぬかるみ、吹きつける風、訓練辞退を迫り続ける教官の声に耐え抜くのです。

水曜の夕方、日が暮れると、私のクラスは〝重大な規律違反〟があったという難癖をつけられて、ぬかるみに入るよう命じられました。ぬかるみは容赦なく体力を奪い、やがて体はぬかるみに沈み込み、どうにか顔が見えているだけという状態になります。

教官は、訓練生のうち、たった5人が辞退すれば、ぬかるみから出られると語りかけます。たった5人の辞退で、この過酷な泥沼から全員が脱出できるというわけです。

干潟を見回すと、いつ断念してもおかしくない様子の訓練生が何人か見えました。日の出まではまだ8時間以上あります。あと8時間以上も身を切るような寒さに耐えなければなりません。訓練生たちは、寒さで歯がガチガチと鳴り、耐えきれずにうめき声を漏らします。歯の震えやうめき声は大きくなる一方で、ほかには何も聞こえません。

すると、夜の闇の中に訓練生の誰かの声が聞こえてきました。歌声です。調子の外れた下手な歌でしたが、一生懸命に歌っていることはわかります。1人の声がやがて2人になり、3人に増え、たちまちクラス全員が歌声を合わせるようになったのです。


誰かが苦難を乗り越えることができれば、ほかの人々も追随できるのです。教官は、歌を続けるなら、ぬかるみ訓練の時間を延長するぞと脅しますが、歌声がやむ気配はありません。

しかも、なんだかぬかるみがやや温かくなったような気がし、風も少し和らいだように感じました。夜明けはそう遠くありません。

世界のさまざまな地域で活動する中で、何か学んだことがあったとすれば、それは希望の力です。1人の人間の力です。

ワシントンしかり、リンカーンしかり、キング牧師しかり、マンデラしかり、そしてパキスタンの少女マララもそうです。

たった1人の人間でも、人々に希望を与えて、世界を変えることができるのです。

世界を変えたいのなら、首までぬかるみに浸かっても声を振り絞って歌いましょう。

最後の教訓です。SEALsの訓練の場には、鐘が用意されています。宿舎などがある施設の中央に吊り下げられた真鍮製の鐘で、訓練生なら誰でも見えると

ころにあります。

訓練を投げ出したくなったら、この鐘を鳴らすだけでいいのです。この鐘を鳴らしさえすれば、朝5時に起きなくていいし、凍てつくような冷たい海で泳ぐ必要もありません。

鐘を鳴らしさえすれば、長距離走も障害物コースも体力訓練もなくなり、辛く苦しい訓練に耐える必要もありません。

そう、鐘を鳴らせばいいのです。

でも、世界を変えたいのなら、絶対に、間違っても鐘を鳴らさないでください。

―――――

2014年度卒業生の皆さん。皆さんはまさに卒業を迎えたばかりです。そして人生という旅は始まったばかりです。世界を変える取り組み、世界をもっと良くしたいという取り組みは始まったばかりです。その道のりは決して平坦ではありません。


毎日、何か1つ日課をなしとげて1日を始める。

人生を歩むうえで助けてくれる友を見つける。

誰に対しても敬意を払う。

人生は不公平であり、何度も失敗するけれど、リスクを恐れず、本当に辛く苦しいときこそ前に進み、いじめに果敢に立ち向かい、虐げられた人々を奮い立たせ、決してあきらめない。


この教訓を忘れずに実行すれば、次の世代、そのまた次の世代は、今よりももっと素晴らしい世界で人生を送ることができます。

そして、ここから始まったものが、世界を素晴らしい方向へと変えるのです。

ありがとうございました。

「Hook 'em, Horns」

Hook ’em, Horns　テキサス大学の合い言葉。テキサスのシンボルである雄牛の角にちなみ、人差し指と小指だけを立てたポーズを添えて「角で引っ掛けてやれ」という意味のこの言葉を、スポーツ観戦での応援やスピーチの締めくくりなどに使う。

謝辞

まず、根気強く寛大な心でお付き合いくださった編集者のジェイミー・ラーブに感謝したい。時代を経ても色褪せない素敵な本に仕上がったのは、ジェイミーのおかげである。

また、本書で取り上げることを快諾してくれた素晴らしい友人たちにも感謝を申し上げる。大変な逆境の中であなた方が見せてくれた数々の勇気。あなた方が思う以上に、私は大いに触発されたことを申し添えたい。

訳者あとがき

米国海軍の特殊部隊として知られるＳＥＡＬｓ。地球上のあらゆる空間を制する最強部隊を標榜するだけあって、海（ＳＥａ）、空（Ａｉｒ）、陸（Ｌａｎｄ）の頭文字からＳＥＡＬｓと命名されたという。同時に海を自由自在に動き回るアザラシの英語「ｓｅａｌ」とかけている。

ちなみに、この海軍特殊部隊の呼称として、複数形のＳＥＡＬｓと単数形のＳＥＡＬを目にすることがあるが、現在10あるチームの一つひとつはＳＥＡＬと単数形（例えば「ＳＥＡＬチーム１」など）で表記し、各ＳＥＡＬチームに所属する隊員個人はＳＥＡＬと呼ばれる。

例えば著者のウィリアム・マクレイヴンは極めて優秀なＳＥＡＬということになる。そんなＳＥＡＬたちが集まった総体としては、複数形のＳＥＡＬｓと表記される。

本書の翻訳にあたっては、特殊部隊全体を指す文脈が多いため、基本的にSEALsと表記した。

さて総勢30万人以上の海軍で、想像を絶するような厳しい訓練を経てSEALsの一員に選抜されるのは2000人強。まさにエリート中のエリートだ。

著者のマクレイヴンはSEALsの司令官などを歴任し、対テロ戦争でウサマ・ビン・ラディン殺害の特殊作戦を指揮して大きな功績をあげた人物。

人間の限界に挑むような過酷な訓練や戦闘、厳しい生活の中で彼が得た10の教訓は、軍人かくあるべしといった特殊な内容の教訓集とはまるで違い、私たちの心にストレートに訴えかけるものばかりだ。人間としてほんとうに大切なこととは何か、胸を張って生きるとはどういうことかを、誰もが共感できるエピソードとともに綴っている。

決してエリートぶらず、誠実、謙虚に語りかける著者の言葉の端々に、胸を張って生きるための知恵が詰まっている。

著者が言うように、世界を変えるといったとてつもなく大きな夢も、目の前のささやかな行動の積み重ねから始まる。

訳者は、CHAPTER1を読み始めて、さっそく自分のベッドの無様な姿が気になって仕方がない。まるで素の自分を第三者的に眺めているような気がして、なんとも気まずく恥ずかしい思いだった。そんなふうにハッとさせられるエピソードがたっぷり詰まった一冊だ。

虚勢を張ることでも見栄を張ることでもなく、胸を張って生きるヒントがここにある。世界を変えるための一歩がこんな足元、いや枕元にあったとは……。

2017年秋

斎藤栄一郎

プロフィール

【著者】ウィリアム・H・マクレイヴン（William H. McRaven）
米海軍特殊部隊SEALsとして37年のキャリアをもつ元米国海軍軍人。最終階級は海軍大将。在欧特殊作戦軍司令官や統合特殊作戦コマンド司令官などを歴任。2003年にはイラクにおける「赤い夜明け作戦」で逃亡中のサダム・フセインを捕獲。また2011年には、「ネプチューンの槍作戦」を指揮し、ウサマ・ビン・ラディンの殺害に成功。その後、大将に昇任、特殊作戦軍司令官となり、2012年には、ソマリアで武装グループに監禁されていた人道支援団体のメンバー２名の救出作戦を成功させた。現在はテキサス大学名誉総長。ビジネスおよび教育分野で講演を行っている。

【訳者】斎藤栄一郎（Eiichiro Saito）
翻訳家・ジャーナリスト。1965年山梨県生まれ。早稲田大学社会科学部卒。主に情報通信やビジネス・経営分野の翻訳に従事。また、ジャーナリストとしてビジネス誌でコミュニケーションや経営の分野の記事を執筆。主な訳書にビクター・マイヤー＝ショーンベルガーほか著『ビッグデータの正体』、エカテリーナ・ウォルター著『THINK LIKE ZUCK』、アシュリー・バンス著『イーロン・マスク』、シェーン・スノウ著『時間をかけずに成功する人　コツコツやっても伸びない人』（以上講談社）などがある。

1日《にち》1つ、なしとげる！
米海軍特殊部隊《べいかいぐんとくしゅぶたい》SEALs《シールズ》の教《おし》え

2017年10月26日　第1刷発行
2023年4月7日　第3刷発行

著者……………………ウィリアム・H・マクレイヴン
訳者……………………斎藤栄一郎《さいとうえいいちろう》

装丁……………………永松大剛（BUFFALO. GYM）
発行者…………………鈴木章一
発行所…………………株式会社講談社
東京都文京区音羽2丁目12－21［郵便番号］112－8001
電話［編集］03－5395－3522
［販売］03－5395－4415
［業務］03－5395－3615
印刷所…………………株式会社新藤慶昌堂
製本所…………………株式会社国宝社
本文データ制作………講談社デジタル製作

ISBN978-4-06-220817-8